AF548907

Neue Zinkkomplexe mit Bis(phosphinimino)methan-Liganden

Synthese-Charakterisierung-Reaktivität

Zur Erlangung des akademischen Grades eines

DOKTORS DER NATURWISSENSCHAFTEN

(Dr. rer. nat.)

der Fakultät für Chemie und Biowissenschaften der
Universität Karlsruhe (TH)
vorgelegte

DISSERTATION

von

Dipl.-Chem. Sebastian Marks
aus Berlin

Dekan: Prof. Dr. S. Bräse
Referent: Prof. Dr. P. W. Roesky
Koreferent: Prof. Dr. F. Breher
Tag der mündlichen Prüfung: 18.12.2009

Bibliografische Information der Deutschen Nationalbibliothek
Die Deutsche Nationalbibliothek verzeichnet diese Publikation in der Deutschen Nationalbibliografie; detaillierte bibliografische Daten sind im Internet über http://dnb.d-nb.de abrufbar.
1. Aufl. - Göttingen : Cuvillier, 2010
Zugl.: (TH) Karlsruhe, Univ. Diss., 2010

978-3-86955-265-1

Die vorliegende Arbeit wurde von 2005 bis 2009 unter Anleitung von Prof. Dr. Peter W. Roesky an der Freien Universität Berlin (FU) und der Universität Karlsruhe (TH) angefertigt.

Nonnenstieg 8, 37075 Göttingen
Telefon: 0551-54724-0
Telefax: 0551-54724-21
www.cuvillier.de

1. Auflage, 2010
Gedruckt auf säurefreiem Papier

978-3-86955-265-1

Inhaltsverzeichnis

1. Einleitung **1**

1.1 Zum Element Zink 1

1.2 Koordinationschemie des Zinks 2

1.2.1 Organometallverbindungen des Zinks 2

1.2.2. Stickstoffdonor-Liganden in der Koordinationschemie des Zinks 3

1.2.2.1. β-Diketimin als Ligand in der Zinkchemie 3

1.2.2.2. Bis(phosphinimino)methan als Ligand in der Zinkchemie 4

1.2.2.3. Aminotroponimin als Ligand in der Zinkchemie 6

1.2.3. Komplexe mit subvalentem Zink 7

2. Aufgabenstellung **8**

3. Diskussion der Ergebnisse **9**

3.1. Bis(phosphinimino)methan-Zink-Komplexe 9

3.1.1. Der Bis(phosphinimino)methan-Ligand 9

3.1.2. Bis(phosphinimino)methan-Zink-Halogenide 10

3.1.2.1. Versuche zur Synthese von $[\{(Me_3SiNPPh_2)_2CH\}ZnCl]_2$ 10

3.1.2.2. Synthese von $[\{(Me_3SiNPPh_2)_2CH_2\}ZnX_2]$ 11

3.1.3. Bis(phosphinimino)methanid-Zink-Boran-Komplexe 15

3.1.3.1. Synthese von $[\{(Me_3SiNPPh_2)_2CH\}(\kappa^1\text{-}BH_3)Zn(BH_4)]$ 16

3.1.3.2. Synthese von $[\{(Me_3SiNPPh_2)_2CH\}(\kappa^1\text{-}BH_3)ZnMe]$ 20

3.1.4. DFT-Rechnungen zu den Bis(phosphinimino)methanid-Zink-Komplexen 23

3.1.4.1. Rechnung zu $[\{(Me_3SiNPPh_2)_2CH\}ZnMe]$ 23

3.1.4.2. Rechnung zu $[\{(Me_3SiNPPh_2)_2CH\}(\kappa^1\text{-}BH_3)ZnMe]$ 24

3.1.4.3. Rechnung zu $[\{(Me_3SiNPPh_2)_2CH\}(\kappa^1\text{-}BH_3)Zn(BH_4)]$ 25

3.1.5. Bis(phosphinimino)methanid-Phenyl-Zink 27

3.1.6. Bis(phosphinimino)methanid-Phenyl-Zink-Derivate 30

3.1.6.1. Reaktion von $[\{(Me_3SiNPPh_2)_2CH\}ZnPh]$ mit Di-(*p*-tolyl)-carbodiimin 30

3.1.6.2. Reaktion von $[\{(Me_3SiNPPh_2)_2CH\}ZnPh]$ mit Diphenylketen 33

3.2. Aminotroponiminat-Zink-Komplexe 37

3.2.1. Der Aminotroponimin-Ligand 37

3.2.2. Die Synthese von $[\{(i\text{-}Pr)_2ATI\}ZnCl]_2$ 38

3.2.2. Versuche zur Synthese von $[\{(i\text{-}Pr)_2ATI\}Zn(BH_4)]$ 40

4. Experimenteller Teil **42**
4.1. Allgemeines 41
4.2. Synthesevorschriften und Analytik 43
4.2.1. Synthese der bekannten Edukte 43
4.2.2. Synthese der neuen Verbindungen 44
4.2.2.1. $[\{(Me_3SiNPPh_2)_2CH\}ZnCl]_2$ (**3**) 44
4.2.2.2. $[\{(Me_3SiNPPh_2)_2CH_2\}ZnCl_2]$ (**4**) 44
4.2.2.3. $[\{(Me_3SiNPPh_2)_2CH_2\}ZnI_2]$ (**5**) 45
4.2.2.4. $[\{(Me_3SiNPPh_2)_2CH\}(\kappa^1\text{-}BH_3)Zn(BH_4)]$ (**8**) 46
4.2.2.5. $[\{(Me_3SiNPPh_2)_2CH\}(\kappa^1\text{-}BH_3)ZnMe]$ (**9**) 47
4.2.2.6. $[\{(Me_3SiNPPh_2)_2CH\}ZnPh]$ (**10**) 48
4.2.2.7. $[\{(Me_3SiNPPh_2)_2CH(p\text{-Tol})N{=}C\text{-}N(p\text{-Tol})\}ZnPh]$ (**11**) 49
4.2.2.8. $[\{(Me_3SiNPPh_2)_2CH(Ph_2C{=}C\text{-}O)\}ZnPh]$ (**12**) 50
4.2.2.9. $[\{(i\text{-}Pr)_2ATI\}ZnCl]_2$ (**14**) 50
4.3. Kristallstrukturuntersuchungen 52
4.3.1. Datensammlung und Verfeinerung 52
4.3.2. Daten zu den Kristallstrukturanalysen 54
4.3.2.1. Kristallstruktur von $[\{CH_2(PPh_2NSiMe_3)_2\}ZnCl_2]$ (**4**) 54
4.3.2.2. Kristallstruktur von $[\{CH_2(PPh_2NSiMe_3)_2\}ZnI_2]$ (**5**) 55
4.3.2.3. Kristallstruktur von $[\{(Me_3SiNPPh_2)_2CH\}(\kappa^1\text{-}BH_3)Zn(BH_4)]$ (**8**) 56
4.3.2.4. Kristallstruktur von $[\{(Me_3SiNPPh_2)_2CH\}(\kappa^1\text{-}BH_3)ZnMe]$ (**9**) 57
4.3.2.5. Kristallstruktur von $[\{(Me_3SiNPPh_2)_2CH\}ZnPh]$ (**10**) 58
4.3.2.6. Kristallstruktur von $[\{(Me_3SiNPPh_2)_2CH(p\text{-Tol})N{=}C\text{-}N(p\text{-Tol})\}ZnPh]$ (**11**) 59
4.3.2.7. Kristallstruktur von $[\{(Me_3SiNPPh_2)_2CH(Ph_2C{=}C\text{-}O)\}ZnPh]$ (**12**) 60
4.3.2.8. Kristallstruktur von $[\{(i\text{-}Pr)_2ATI\}ZnCl]_2$ (**14**) 61
5. Zusammenfassung **62**
5.1 Zusammenfassung 62
5.2 Summary 66
6. Literatur **70**
7. Anhang **74**
7.1 Verwendete Abkürzungen 74
7.2 Persönliche Angaben 75

1. Einleitung

1.1. Zum Element Zink

Das Element Zink (Zn) bildet mit seinen schwereren Homologen Cadmium (Cd) und Quecksilber (Hg) die zwölfte Gruppe des Periodensystems der Elemente. Elementares Zink ist in der Natur nicht existent. Aufgrund seiner Elektronenkonfiguration liegen Zinkverbindungen in der Natur in der Oxidationsstufe +II vor (Tab. 1.1).

Zn^{0}	[Ar] $3d^{10}$ $4s^{2}$
Zn^{2+}	[Ar] $3d^{10}$

Tabelle 1.1: Elektronenkonfigurationen des Zinks.

Die häufigsten natürlichen Zinkvorkommen sind die Zinkblende (ZnS) sowie der Zinkspat ($ZnCO_3$). Um elementares Zink rein darzustellen wird das Sulfid- bzw. Carbonaterz durch Rösten in Zinkoxid (ZnO) überführt. Dieses wird im Anschluss mit Kohle zum Metall reduziert. Durch Lösen in Mineralsäuren lässt es sich in eine große Anzahl von Salzen überführen (Abb. 1.1).[1]

$$ZnS + 3/2\ O_2 \xrightarrow{\Delta} ZnO + SO_2$$

$$ZnCO_3 \xrightarrow{\Delta} ZnO + CO_2$$

$$ZnO + C \xrightarrow{\Delta} Zn + CO$$

$$Zn + 2\ HX \longrightarrow ZnX_2 + H_2$$

$$X = F, Cl, Br, I, NO_3$$

Abbildung 1.1: Darstellung von Zink und seiner Mineralsalze.

Für den menschlichen Körper ist Zink als Spurenelement essentiell. Es ist Bestandteil von über 300 Enzymen, welche von ihrer Funktion her sehr vielfältig sind. Sie dienen z.B. als Carboxypeptidasen oder als DNS-/RNS-Polymerasen.[2],[3]

Darüber hinaus sind Zinkverbindungen im Gegensatz zu den meisten Übergangsmetallverbindungen vergleichsweise ungiftig und preiswert.

1.2. Koordinationschemie des Zinks

Auf Grund seiner vollbesetzten 3d-Orbitale treten in Komplexverbindungen des Zinks keine Ligandenfeldstabilisierungseffekte auf, weshalb es nicht mehr zu den Übergangsmetallen gezählt wird. Seine Koordinationschemie wird hauptsächlich durch Ionengröße und kovalente Bindungskräfte bestimmt. Deshalb weist es eine große Flexibilität in Bezug auf Koordinationszahlen und -muster auf. Allgemein ist das chemische Verhalten von Zinkverbindungen mit denen des Magnesiums vergleichbar.[2]

1.2.1. Organometallverbindungen des Zinks

Bei den Zinkorganylen handelt es sich um die ersten bekannten metallorganischen Verbindungen überhaupt. Bereits 1849 berichtete *Frankland* über die erfolgreiche Synthese von Diethylzink, das durch die Reaktion von Zinkmetall und Iodethan erhalten wurde.[4] Organozinkverbindungen der allgemeinen Zusammensetzung ZnR_2 sind außerdem über eine Salzmetathesereaktion zwischen wasserfreien Zinkhalogeniden (ZnX_2) und Grignard-Verbindungen (RMgX) zugänglich (Abb. 1.2).[5] Ihre Aufreinigung kann durch Destillation (R = Me, Et) oder Sublimation (R = Ph) erfolgen.

$$2\ Zn + 2\ RX \xrightarrow{\Delta} ZnR_2 + ZnX_2$$

$$ZnX_2 + 2\ RMgX \xrightarrow{\Delta} ZnR_2 + 2\ MgX_2$$

X = Cl, Br, I
R = Me, Et, Ph

Abbildung 1.2: Darstellung von Zinkorganylen.

Diese Verbindungen liegen als Monomere vor, in welchen das Zinkatom von den zwei organischen Resten linear koordiniert wird.

Die Substitution eines der Alkylreste durch ein Halogenid oder Alkoxid führt zu der Bildung von tetrameren Spezies. Diese liegen als Heterokuban vor, in welchem die Zinkatome tetraedrisch koordiniert sind (Abb. 1.3).[6],[7]

$ZnR_2 + ZnX_2 \longrightarrow 2\ RZnX$

$ZnR_2 + ROH \longrightarrow RZnOR + HR$

X = Cl, Br, I, OR
R = Me, Et, Ph, *i*-Pr

Abbildung 1.3: Alkylzinkhalogenide und -alkoxide und ihre Struktur im Festkörper.

Bei Zinkorganylen handelt es sich im Allgemeinen um Nukleophile und Lewissäuren.

1.2.2. Stickstoffdonor-Liganden in der Koordinationschemie des Zinks

In der Koordinationschemie des Zinks werden häufig Stickstoffdonor-Liganden zur Stabilisierung des Metallzentrums eingesetzt.

1.2.2.1. β-Diketimin als Ligand in der Zinkchemie

Breite Anwendung findet der *β*-Diketiminat-Ligand (BDI, $\{(RNCMe)_2CH\}^-$), bei welchem es sich um einen monoanionischen, zweizähnigen Chelatliganden handelt. (BDI)-Zink-Komplexe sind über Protolysereaktionen zwischen Zink-Bisalkylen oder -Silylamiden mit dem Neutralliganden zugänglich. Ein zweiter Syntheseweg besteht mit der Salzmetathese zwischen Zinkhalogeniden und den Lithium- bzw. Kaliumsalzen des (BDI)-Liganden. Aufgrund dieses breiten synthetischen Zugangs ist eine große Vielfalt an (BDI)-Zink-Komplexen bekannt, welche in Abhängigkeit von der gewählten Syntheseroute sowie der Reaktanden als Monomere (**A**), Metallat- (**B**) oder dimere Spezies (**C**) vorliegen können. Das Zinkatom liegt in diesen Verbindungen trigonal-planar (**A**) oder tertraedrisch (**B**, **C**) koordiniert vor (Abb. 1.4).[8]-[12] Bei den von *Coates et al.* publizierten (BDI)-Zink-Alkoxid und -Acetat-Komplexen handelt es sich um aktive *single-site*-Katalysatoren für die Copolymerisation von Epoxiden mit Kohlendioxid zu Polycarbonaten oder die ringöffnende Polymerisation (ROP) von Lactiden.[8],[10]

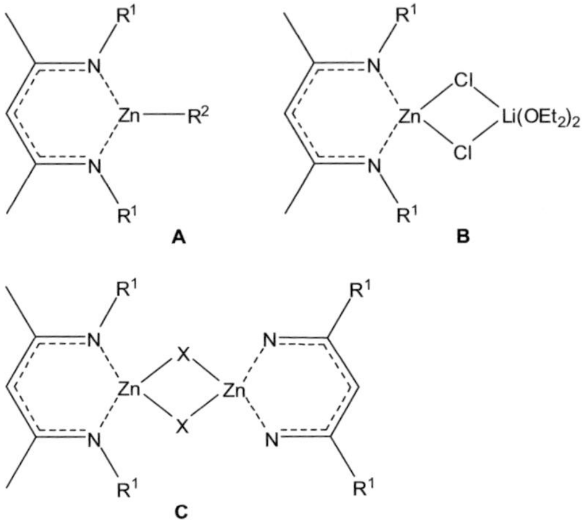

A B

C

R^1 = 2,6-Diisopropylphenyl
R^2 = Me, Et, Ph, $N(SiMe_3)_2$, BH_4, N(*i*-Pr)$_2$, C≡C−Ph
X = Br, Cl, F, H, OAc, OMe, O-*i*-Pr, O-*t*-Bu, OH

Abbildung 1.4: Beispiele für bekannte BDI-Zink-Komplexe.

1.2.2.2. Bis(phosphinimino)methan als Ligand in der Zinkchemie

Der monoanionische Bis(phosphinimino)methanid-Ligand ($\{(RNPPh_2)_2CH\}^-$) ist ein zu den (BDI)-Liganden isovalenzelektronisches (P,N)-Ligandensystem, welches in der Koordinationschemie des Zinks bis heute nur wenig untersucht ist (Abb. 1.5).[13]

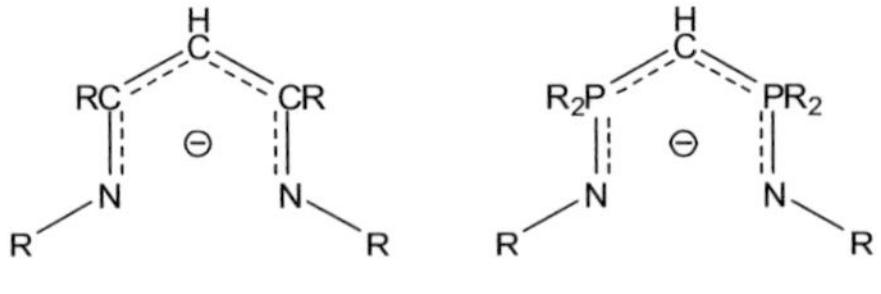

Abbildung 1.5: *β*-Diketiminat (links) vs. Bis(phosphinimino)methanid (rechts).

Der Bis(phosphinimino)methanid-Ligand wurde bereits 1999 durch *Cavell et al.* über die Reaktion des Neutralliganden $\{(Me_3SiNPPh_2)_2CH_2\}$ mit Dimethylzink ($ZnMe_2$) zu der monomeren Verbindung $[\{(Me_3SiNPPh_2)_2CH\}ZnMe]$ in die Koordinationschemie des Zinks eingeführt.[13] Erst 2002 wurden von *Hill et al.* weitere Bis(phosphinimino)-

methanid-Zink-Komplexe publiziert, in welchen die Imin-Stickstoffe des Liganden Arylreste tragen (Abb. 1.6).[14]

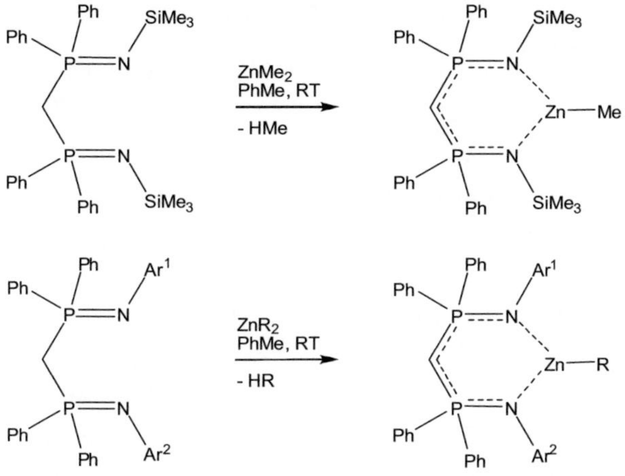
Ph
SiMe3
P
N
ZnMe2
PhMe, RT
- HMe
Zn
Me
ZnR2
PhMe, RT
- HR
R
Ar1
Ar2

$Ar^1 = Ar^2$ = 2,4,6-Trimethylphenyl
Ar^1 = 2,4,6-Trimethylphenyl, Ar^2 = Phenyl
R = Methyl, $N(SiMe_3)_2$

Abbildung 1.6: Synthese der bekannten Bis(phosphinimino)methanid-Zink-Komplexe.

Alle Komplexe liegen als Monomere vor. Der Ligand koordiniert über die beiden Phosphiniminoeinheiten an das Zinkatom, wodurch dieses trigonal-planar koordiniert wird. Das Zentralatom bildet mit dem Ligandrückgrat einen sechsgliedrigen Metallazyklus (Zn-N-P-C-P-N), welcher in Wannenkonformation vorliegt.[13],[14]

Eine dreikernige Verbindung mit zweifach deprotoniertem Liganden wurde 2003 durch *Westerhausen et al.* beschrieben (Abb. 1.7).[15]

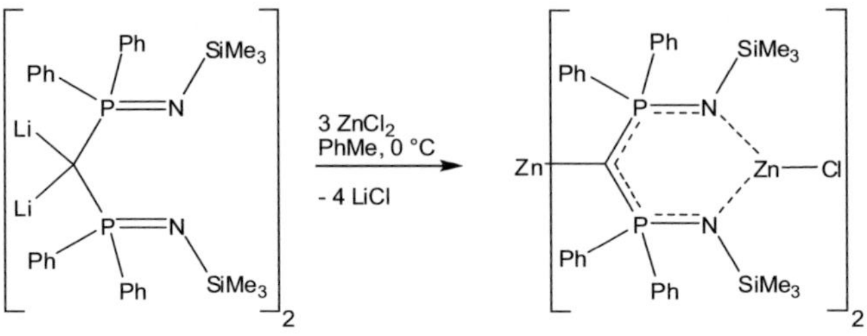

Abbildung 1.7: Dreikerniger Komplex mit zweifach deprotoniertem Bis(phosphinimino)methan.

1.2.2.3. Aminotroponimin als Ligand in der Zinkchemie

Der monoanionische Aminotroponiminat-Ligand (ATI) wurde in unserer Arbeitsgruppe für die Synthese einer Vielzahl von Zink-Komplexen verwendet. Die Darstellung von heteroleptischen (ATI)-Zink-Komplexen erfolgt über eine Protolysereaktion zwischen dem Neutralliganden H(ATI) und Zink-Bisalkylen bzw. -Silylamiden (Abb. 1.8).[16]-[18]

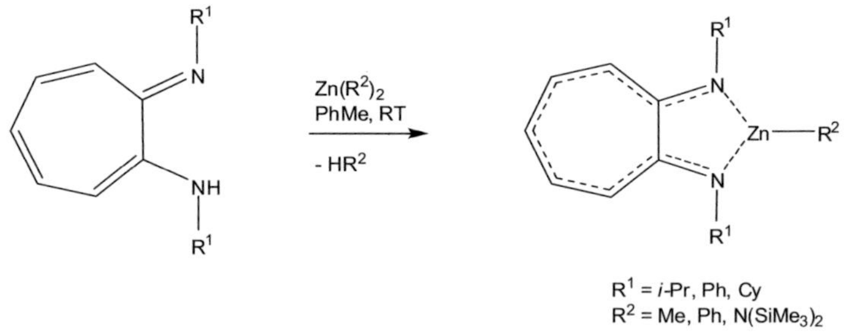

R^1 = *i*-Pr, Ph, Cy
R^2 = Me, Ph, $N(SiMe_3)_2$

Abbildung 1.8: (ATI)-Komplexe des Zinks.

Diese Komplexverbindungen liegen als Monomere vor, in welchen das Zinkatom trigonal planar koordiniert wird. Im Ligandgerüst liegt ein delokalisiertes 10π-Elektronensystem vor, das zur Stabilisierung dieser Komplexe beiträgt. Der (ATI)-Ligand kann durch Substitution der Aminreste (R^1) vielfältig variiert werden. Demgegenüber sind die Abgangsgruppen (R^2) auf Alkyl-, Aryl- und Silylamidreste beschränkt. Aus den (ATI)-Zn-Verbindungen lassen sich unter Zugabe eines Cokatalysators aktive Spezies für die intramolekulare Hydroaminierungskatalyse generieren.[16],[17]

1.2.3. Komplexe mit subvalentem Zink

Seit neuerer Zeit sind auch subvalente Verbindungen mit kovalenten Zn-Zn-Bindungen und einer formalen Oxidationsstufe +I der Zinkatome bekannt. Die $[Zn_2]^{2+}$-Kationen werden durch den Einsatz sterisch anspruchsvoller Liganden stark abgeschirmt und dadurch stabilisiert (Abb. 1.9).[19],[20]

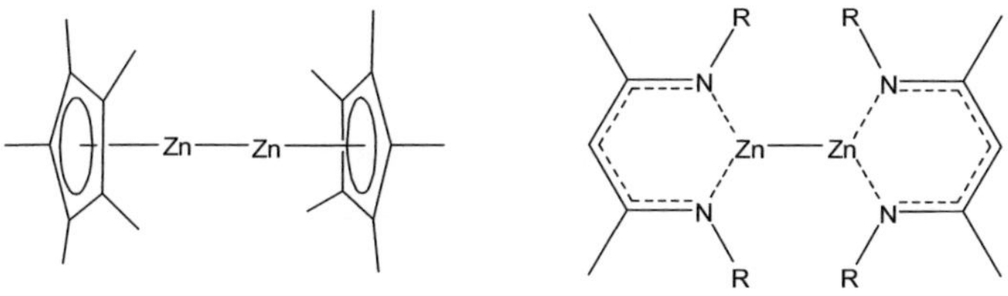

R = 2,6-Diisopropylphenyl

Abbildung 1.9: Subvalente Zinkverbindungen.

Erste Untersuchungen in Bezug auf die Folgechemie des Decamethyldizincocens konnten anhand der Synthese von basenstabilisierten $[Zn_2]^{2+}$-Kationen mit schwachkoordinierenden Anionen zu dem Komplex $[Zn_2(DMAP)_6][Al\{OC(CF_3)_3\}_4]_2$ durchgeführt werden (DMAP = *N,N*-Dimethylaminopyridin).[21]

2. Aufgabenstellung

Ziel der vorliegenden Arbeit war es neue Bis(phosphinimino)methanid-Zink-Komplexe zu synthetisieren, zu charakterisieren und auf ihre Tauglichkeit als *single-site*-Katalysatoren in verschiedenen Reaktionen wie z.B. der Hydroaminierung zu untersuchen.[16]

Dazu war geplant über eine Salzmetathesereaktion zwischen wasserfreiem $ZnCl_2$ und dem Kaliumsalz des Liganden, $[K\{(Me_3SiNPPh_2)_2CH\}]$ (**2**), eine geeignete Ausgangsverbindung in Form von $[\{(Me_3SiNPPh_2)_2CH\}ZnCl]_2$ (**3**) darzustellen.[10],[22] Diese sollte über die Reaktion mit geeigneten Ligandsalzen (z.B. $NaBH_4$, KO-*t*-Bu, $KNPh_2$) zu potentiell katalytisch aktiven Verbindungen umgesetzt werden.
Als alternative zu der Verwendung von wasserfreien Zinkdihalogeniden für die Synthese von Bis(phosphinimino)methanid-Zink-Komplexen, sollte zudem die Tauglichkeit von $[Zn(BH_4)_2(THF)_2]$ (**7**) als Startmaterial untersucht werden.[23]-[25]
Neben den Salzmetathesereaktionen sollte außerdem über die Protolyse zwischen dem Bis(phosphinimino)methan, $\{(Me_3SiNPPh_2)_2CH_2\}$ (**1**), mit $ZnPh_2$ der Komplex $[\{(Me_3SiNPPh_2)_2CH\}ZnPh]$ (**10**) synthetisiert werden.[13],[14] Untersuchungen über die Folgechemie von **10** sollten durch seine Reaktion mit Heteroallenen wie Di-(*p*-tolyl)-carbodiimin und Diphenylketen durchgeführt werden.

Aufgrund der erfolgreichen Anwendung von Aminotroponiminat-Komplexen des Zinks in der Hydroaminierungskatalyse sollten zudem Untersuchungen über die Darstellung von $[\{(i\text{-}Pr)_2ATI\}ZnCl]_2$ (**14**) durchgeführt werden, dessen Synthese mittels der Salzmetathese bisher erfolglos war.[16],[26] **14** sollte anschließend als Startmaterial für neue Aminotroponiminat-Zink-Komplexe eingesetzt werden.

3. Diskussion der Ergebnisse

Für die Synthese so genannter *single-site*-Katalysatoren ist es zweckmäßig zunächst geeignete Startmaterialien herzustellen. Im Falle des Zinks sind dies Komplexverbindungen der allgemeinen Zusammensetzung LZnX, wobei L ein Steuerligand und X eine Abgangsgruppe, z.B. ein Halogenid oder eine Alkylgruppe, ist.

3.1. Bis(phosphinimino)methan-Zink-Komplexe

3.1.1. Der Bis(phosphinimino)methan-Ligand

Das Potential des Bis(trimethylsilyliminodiphenylphosphino)methan-Liganden ({$(Me_3SiNPPh_2)_2CH_2$}, (**1**)) zur Stabilisierung reaktiver Metallzentren ist in der Koordinationschemie der Lanthanoide, der Erdalkalimetalle, von Gruppe-13-Elementen und einiger Übergangsmetalle umfassend untersucht worden.[22],[27]-[41] Deshalb liegt es nahe diesen Liganden für die Synthese neuer Zinkkomplexe zu verwenden.

Der Neutralligand **1** kann durch die Umsetzung von Bis(diphenylphosphino)methan (DPPM) mit Azidotrimethylsilan (N_3SiMe_3) unter Stickstoffeliminierung dargestellt werden.[42] Durch Deprotonierung mit Kaliumhydrid (KH) erhält man das Salz [K{$(Me_3SiNPPh_2)_2CH$}] (**2**) (Abb. 3.1).[43]

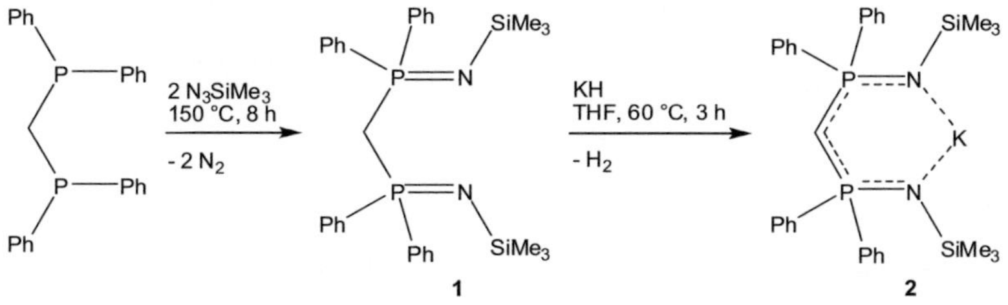

Abbildung 3.1: Synthese von **1** und **2**.

3.1.2. Bis(phosphinimino)methan-Zink-Halogenide

3.1.2.1. Versuche zur Synthese von [{(Me$_3$SiNPPh$_2$)$_2$CH}ZnCl]$_2$

Ausgehend von **2** und $ZnCl_2$ sollte [{(Me$_3$SiNPPh$_2$)$_2$CH}ZnCl]$_2$ (**3**) über eine Salzmetathesereaktion dargestellt werden. Nach erfolgter Aufarbeitung und Kristallisation wurde stattdessen ein Addukt von **1** an $ZnCl_2$ ([{(Me$_3$SiNPPh$_2$)$_2$CH$_2$}ZnCl$_2$], (**4**)) mit einer Ausbeute von etwa 40 % erhalten, sodass zunächst von einer Hydrolyse von **2** ausgegangen wurde. Wiederholte Ansätze lieferten jedoch dasselbe Ergebnis. Durch einen Wechsel des Zinksalzes zu ZnI_2 konnte ebenfalls nur ein Addukt des Neutralliganden an das Zinksalz ([{(Me$_3$SiNPPh$_2$)$_2$CH$_2$}ZnI$_2$], (**5**)) erhalten werden. Deshalb wurde ein alternativer Syntheseansatz durchgeführt, welcher vor kurzem durch *Schulz et al.* für die Darstellung von [(BDI)ZnX] (X = Cl, I) vorgestellt wurde. Hierfür wurde der literaturbekannte Komplex [{(Me$_3$SiNPPh$_2$)$_2$CH}ZnMe] (**6**) als Startverbindung eingesetzt.[13] **6** wurde zum einen mit Trimethylammoniumhydrochlorid (NMe$_3$HCl) als Chloridquelle (A), zum anderen mit elementarem Iod als Iodidquelle umgesetzt (B).[44] Anstelle der erhofften Verbindungen des Typs [{(Me$_3$SiNPPh$_2$)$_2$CH}ZnX]$_2$ (X = Cl, I) konnten auf diese Weise ebenfalls nur die zuvor erhaltenen Verbindungen **4** und **5** isoliert werden (Abb. 3.2).

Abbildung 3.2: Versuche zur Synthese von [{(Me$_3$SiNPPh$_2$)$_2$CH}ZnX]$_2$.

Als weitere Methode für die Synthese von **3** steht die Umsetzung von **1** mit Ethylzinkchlorid (EtZnCl) zur Verfügung.[6],[26] Dazu wurde EtZnCl mit **1** in Toluol umgesetzt. Es ist eine heftige Gasentwicklung zu beobachten und nach ca. 45 minütigem Rühren bildet sich schlagartig ein farbloser Niederschlag. Dieser wird sofort abfiltriert. Bei dem Niederschlag handelt es sich um die Verbindung **4**, während das Produkt **3** aus dem Filtrat isoliert werden konnte (Abb. 3.3).

Abbildung 3.3: Darstellung von **3**.

Der Komplex **3** wird als farbloses Pulver in einer Ausbeute von 57 % erhalten und konnte über NMR-Spektroskopie und massenspektrometrisch charakterisiert werden. Im $^{31}P\{^{1}H\}$-NMR-Spektrum findet man für **3** ein Singulett bei 26.1 ppm. Im ^{1}H-NMR-Spektrum liegt ein für das Brückenmethinproton des monoanionischen Liganden charakteristisches Triplett bei 2.05 ppm vor. Beide Signale liegen im Bereich der für **6** bekannten Werte.[13] Im Massenspektrum wird der Molekülpeak von **3** bei m/z = 658 detektiert.

Versuche **3** zu kristallisieren führen immer zu der Isolierung von **4**. Nach mehrwöchiger Lagerung einer NMR-Probe von **3** kann die Bildung eines grauen Feststoffs beobachtet werden, bei welchem es sich wahrscheinlich um elementares Zink handelt. Zudem lassen sich im $^{31}P\{^{1}H\}$-NMR-Spektrum mehrere neue Signale erkennen. Es ist davon auszugehen, dass in den vorherig beschriebenen Syntheseversuchen die Verbindung **3** kurzzeitig vorliegt, sich aber in einer Red-Ox-Reaktion zersetzt. Die Zersetzung erfolgt dabei in THF wesentlich schneller als in Toluol.

3.1.2.2. Synthese von $[\{(Me_3SiNPPh_2)_2CH_2\}ZnX_2]$

Die Verbindungen **4** und **5** lassen sich rational über die Umsetzung von **1** mit den Zinkdihalogeniden ZnX_2 (X = Cl, I) in THF darstellen. Nach ca. fünfminütigem Rühren fallen die Produkte als farblose Feststoffe aus (Abb. 3.4).

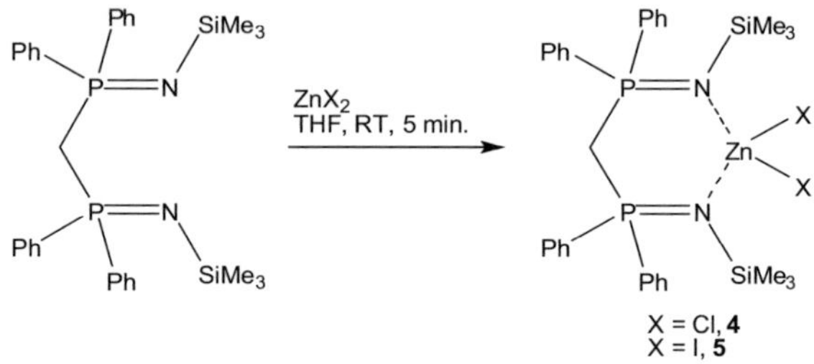

Abbildung 3.4: Synthese von **4** und **5**.

4 und **5** werden in Ausbeuten von 95 % bzw. 92 % erhalten. Beide Verbindungen weisen eine geringe Löslichkeit in gängigen organischen Lösungsmitteln (THF, Et_2O, Toluol, CH_2Cl_2) auf. Im $^{31}P\{^1H\}$-NMR-Spektrum lassen sich für **4** und **5** Signale bei 24.5 ppm bzw. 23.2 ppm zuordnen. Sie sind gegenüber dem freien Neutralliganden **1** um etwa 20 ppm tieffeldverschoben. Das im ^1H-NMR-Spektrum charakteristische Triplett der Methylenbrückenprotonen des Liganden ist im Vergleich zu **1** ebenfalls um etwa 0.75 ppm tieffeldverschoben. Das Signal für **4** liegt bei 4.20 ppm, das für **5** bei 4.25 ppm.[42] In den Massenspektren beider Verbindungen können keine Molekülpeaks detektiert werden. Stattdessen wird in beiden Fällen die Abspaltung eines HX-Fragments beobachtet (*m/z* = 658 für **4**, *m/z* = 748 für **5**).

Einkristalle, die für eine Röntgenstrukturanalyse geeignet sind, können für **4** aus einer heißgesättigten Toluol-Lösung erhalten werden (Abb. 3.5). **4** kristallisiert in der triklinen Raumgruppe *P*-1 mit zwei Molekülen Komplex und drei Toluolmolekülen in der Elementarzelle. Das Zinkatom wird verzerrt tetraedrisch von den zwei Chloroliganden sowie beiden Phosphinimineinheiten koordiniert und bildet einen sechsgliedrigen Metallazyklus (Zn-N1-P1-C1-P2-N2) in der für Bis(phosphinimino)methan-Komplexe typischen Wannenkonformation. Die Zn-N1- und Zn-N2-Bindungen liegen mit etwa 206.0 pm in dem für (BDI)-Zn-Komplexe und **6** bekannten Bereich und bilden einen Winkel N1-Zn-N2 von 104.0°.[8]-[13] Die Zn-Cl-Bindungen sind mit 229.5 pm (Zn-Cl1) und 223.7 pm (Zn-Cl2) leicht unterschiedlich, und liegen in dem für $[\{(Me_3SiNPPh_2)_2CH_2\}NiCl_2]$ (Ni-Cl1 226.6 pm, Ni-Cl2 227.5 pm) ermittelten Bereich.[41]

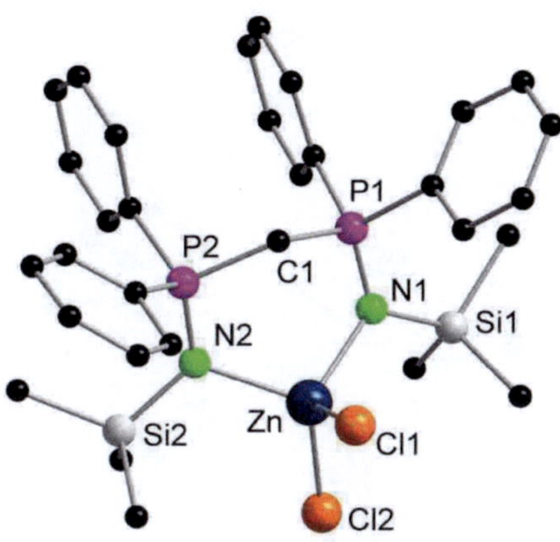

Abbildung 3.5: Struktur von **4** im Festkörper ohne Darstellung der Wasserstoffatome. Ausgewählte Abstände [pm] und Winkel [°]: Zn-N1 205.02(5), Zn-N2 206.82(7), Zn-Cl1 229.46(8), Zn-Cl2 223.70(8), N1-P1 158.61(5), P1-C1 182.36(4), P2-C1 181.02(4), N2-P2 158.59(5), Zn···C1 311.72(10); N1-Zn-N2 103.97(5), Cl1-Zn-N1 106.13(9), Cl2-Zn-N2 113.94(6), P1-C1-P2 119.42(8), N1-P1-C1 111.06(9), N2-P2-C1 109.88(4).

Von **5** können für die Einkristallstrukturanalyse geeignete Kristalle direkt aus der Reaktionslösung erhalten werden (Abb. 3.6). **5** kristallisiert in der monoklinen Raumgruppe $P2_1/n$ mit vier Molekülen Komplex und acht Molekülen THF in der Elementarzelle. Analog zu **4** wird das Zinkatom verzerrt tetraedrisch von den zwei Iodoliganden und beiden Phosphinimineinheiten koordiniert. Dabei wird ein sechsgliedriger (Zn-N1-P1-C1-P2-N2)-Metallazyklus in Wannenkonformation gebildet. Die Zn-N-Bindungslängen sind mit 206.1 pm (Zn-N1) und 203.3 pm (Zn-N2) mit denen von **4** nahezu identisch. Der N1-Zn-N2-Bindungswinkel ist mit 107.9° um 4° leicht aufgeweitet. In **5** unterscheiden sich die Zn-I-Bindungen mit 266.8 pm (Zn-I1) und 258.9 pm (Zn-I2) ebenfalls geringfügig. Die Bindungslängen und -winkel sind mit denen für [{($Me_3SiNPPh_2$)($HNPPh_2$)CH_2}NiI_2] gefundenen vergleichbar.[41]

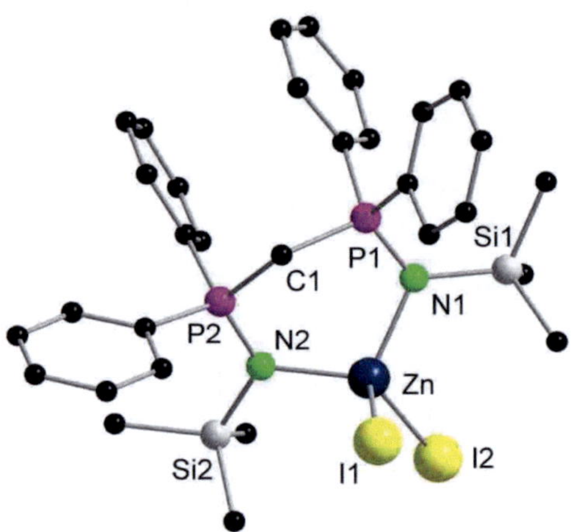

Abbildung 3.6: Struktur von **5** im Festkörper ohne Darstellung der Wasserstoffatome. Ausgewählte Abstände [pm] und Winkel [°]: Zn-N1 206.06(6), Zn-N2 203.30(5), Zn-I1 266.75(4), Zn-I2 258.91(4), N1-P1 159.62(2), P1-C1 179.65(3), P2-C1 183.16(3), N2-P2 159.23(3), Zn···C1 318.27(5); N1-Zn-N2 107.92(6), I1-Zn-N1 107.67(4), I2-Zn-N1 112.48(3), I1-Zn-N2 105.47(3), I2-Zn-N2 115.26(9), I1-Zn-I2 107.52(1), N1-P1-C1 111.19(1), N2-P2-C1 110.74(8), P1-C1-P2 120.07(2), Zn-N1-P1 116.87(8), Zn-N2-P2 117.42(2).

3.1.3. Bis(phosphinimino)methanid-Zink-Boran-Komplexe

Da sich Bis(phosphinimino)methanid-Zink-Halogenide nicht als Startmaterial für die Synthese neuer, potentiell katalytisch aktiver Komplexverbindungen eignen, wurde der Fokus auf einen alternativen Verbindungstyp gerichtet.

Für die Lanthanoidchemie ist zu Beginn der 2000er Jahre durch *Visseaux et al.* die so genannte *Borhydrid/Alkyl Route* vorgestellt worden, mit der aktive Katalysatoren für die Ethenpolymerisierung dargestellt werden können (Abb. 3.7).[24],[25]

$$[Ln(BH_4)_3(THF)_3] \xrightarrow[-\ M(BH)_4]{+\ M(Ligand),\ THF,\ 60\ °C} [Ln(Ligand)(BH_4)_2(THF)_3]$$

Abbildung 3.7: Schematische Darstellung der *Borhydrid/Alkyl Route* für die Lanthanoide.

Analog zu diesem Syntheseansatz erscheint die Verwendung des Zinkboranats $[Zn(BH_4)_2(THF)_2]$ (**7**) als vielversprechend. Über die Synthese von **7** wurde bereits 1969 durch *Wiberg* und *Nöth* berichtet.[23] Da seine Struktur im Festkörper bis heute nicht bekannt ist, wurde zunächst versucht, **7** über eine leicht modifizierte Synthese analysenrein darzustellen und vollständig zu charakterisieren (Abb. 3.8).[23],[45]

$$3\ Zn(O\text{-}i\text{-}Pr_2) \xrightarrow[-\ 2\ B(O\text{-}i\text{-}Pr)_3,\ -\ 2\ THF]{8\ BH_3\cdot THF,\ THF,\ RT,\ 2\ h} 3\ [Zn(BH_4)_2(THF)_2]\ (\mathbf{7})$$

Abbildung 3.8: Synthese von **7**.

7 ist über die Reaktion von $Zn(O\text{-}i\text{-}Pr)_2$ mit $BH_3{\cdot}THF$ in THF zugänglich. Während das Lösungsmittel nach erfolgter Reaktion abdestilliert wird kann die Bildung farbloser Kristalle beobachtet werden, welche sich jedoch sehr schnell zu einem grau-blauen

Öl zersetzen. Die Verbindung **7** ist extrem labil und konnte deshalb nicht als Reinsubstanz isoliert werden. Über die Zersetzungsreaktion von Zinkboranat-Komplexen wurde schon von *Downs et al.* während der Synthese von $MeZn(BH_4)$ berichtet, welches nur unter hohem präparativem Aufwand bei sehr tiefen Temperaturen (ca. 200 – 77 K) isoliert und charakterisiert werden konnte.[46]

3.1.3.1. Synthese von [{(Me$_3$SiNPPh$_2$)$_2$CH}(κ^1-BH$_3$)Zn(BH$_4$)]

Auf Grund der schlechten Handhabbarkeit wurde **7** *in situ* erzeugt und versucht über die Umsetzung mit dem Kaliumsalz **2** einen stabilen Komplex der Form $[\{(Me_3SiNPPh_2)_2CH\}Zn(BH_4)]$ zu synthetisieren. Nach erfolgter Aufarbeitung konnten für die Röntgenstrukturanalyse geeignete Einkristalle durch langsame Diffusion von *n*-Pentan in eine THF-Lösung erhalten werden. Überraschenderweise stellte sich heraus, dass neben der $(BH_4)^-$-Einheit ein (BH_3)-Molekül verbrückend über das Brückenkohlenstoffatom des Liganden an das Zinkatom koordiniert, sodass die Komplexverbindung $[\{(Me_3SiNPPh_2)_2CH\}(\kappa^1\text{-}BH_3)Zn(BH_4)]$ (**8**) gebildet wurde (Abb. 3.9).

Zn(O-*i*-Pr$_2$)
1.) 3 BH$_3$·THF, THF, RT, 2 h
2.) **2**, THF, RT, 18 h
1.) - BH$_2$(O-*i*-Pr)
2.) - KBH$_4$
8

Abbildung 3.9: *In situ* Umsetzung von **7** zu **8**.

8 wurde in einer Ausbeute von 54 % erhalten. Im ^{1}H-NMR-Spektrum erscheint für das Brückenmethinproton anstelle des charakteristischen Tripletts nun ein Multiplett bei 2.74 ppm. Diese Aufspaltung entspricht der Erwartung, da neben der ^2J-Kopplung zu den Phosphoratomen eine zusätzliche ^3J-Kopplung zu den Boran-Wasserstoffatomen und eine ^2J-Kopplung zum Boran-Boratom vorhanden sein muss. Zudem ist ein stark verbreitertes Signal zwischen 2.40 und 1.60 ppm erkennen, welches zu den (BH_3)- und $(BH_4)^-$-Protonen gehört.

Über ein ^{1}H-{^{11}B}-NMR-Spektrum können diese Signale aufgelöst und anhand ihrer Intensitäten genau zugeordnet werden. Das Signal für die $(BH_4)^-$ Protonen erscheint als Singulett bei 0.77 ppm. Für die (BH_3) Protonen findet man ein Duplett von Tripletts bei 1.03 ppm. Für dieses Signal können zwei Kopplungskonstanten ermittelt werden. Die erste beträgt J = 5.0 Hz, bei welcher es sich um eine $^{3}J_{H\text{-}H}$-Kopplung zwischen den Boranprotonen und dem Methinproton des Liganden handelt. Die zweite beträgt J = 15.1 Hz. Bei dieser handelt es sich um eine $^{3}J_{H\text{-}P}$-Kopplung zwischen den Boranprotonen und den Ligand-Phosphoratomen. Für das Methinproton bleibt das Multiplett bei 2.74 ppm erhalten, sodass die Aufspaltung auf die $^{2}J_{H\text{-}P}$- und $^{3}J_{H\text{-}H}$-Kopplungen zurückzuführen ist.

Das ^{31}P{^{1}H}-NMR-Spektrum weist ein Singulett bei 39.0 ppm auf. Durch die Boran-Koordination werden die Phosphoratome zusätzlich entschirmt und sind gegenüber dem bekannten Komplex **6** um etwa 13 ppm tieffeldverschoben.

Im ^{11}B-NMR-Spektrum liegen die Signale für das Boran als stark verbreitertes Signal bei -27.9 ppm sowie für das Boranat bei -45.9 ppm als Quintett mit einer Kopplungskonstante von $^{1}J_{B\text{-}H}$ = 80.1 Hz vor. Die für das Boransignal beobachtete Verschiebung liegt im Bereich von Gruppe-14-Element-Boran-Addukten.[47] Auch für das Boranat liegen die beobachteten Werte in dem für Zink-Boranat-Komplexe zu erwartenden Bereich.[23],[45],[46]

Das Signal für das Brückenkohlenstoffatom lässt sich im ^{13}C{^{1}H}-NMR-Spektrum nicht mehr erkennen. Aufgrund der zusätzlichen ^{1}J-Kopplung zu dem Boran-Boratom ist davon auszugehen, dass es als stark verbreitertes Multiplett vorliegt.

Im IR-Spektrum erscheinen mehrere intensive $\nu_{B\text{-}H}$-Absorptionen bei Wellenzahlen um 2414, 2393, 2299 und 2056 cm^{-1}. Sie liegen in dem für **7** berichteten Bereich für ein $(BH_4)^-$-Anion.[23] Des weiteren gibt es Absorptionsbanden bei 2316 cm^{-1} und 2100 cm^{-1}, welche dem $(\kappa^1\text{-}BH_3)$-Fragment zugeordnet werden.[47] Die $\nu_{P=N}$-Absorptionbanden des Liganden befinden sich bei 1263 cm^{-1} und 1251 cm^{-1}.[42]

Im Massenspektrum von Komplex **8** wird ein Molekülpeak bei m/z = 651 detektiert, der jedoch eine geringe relative Intensität (1 %) aufweist. Der erste intensive Peak bei m/z = 622 (86 %) ist auf den Verlust eines Moleküls Diboran zurückzuführen.

8 kristallisiert lösungsmittelfrei in der monoklinen Raumgruppe $P2_1/c$ mit vier Molekülen Komplex in der Elementarzelle. Das Zinkatom wird von den beiden Phosphinimineinheiten, zwei Boranat- und einem Boranwasserstoffatom verzerrt trigonal-bipyramidal koordiniert (Abb. 3.10).

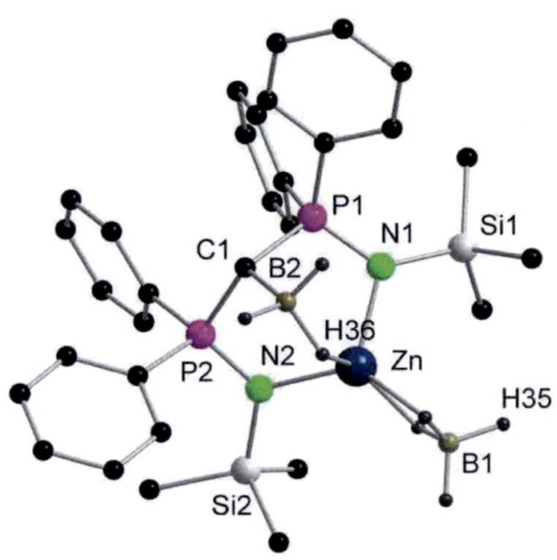

Abbildung 3.10: Struktur von **8** im Festkörper ohne Darstellung der Ligandwasserstoffatome. Ausgewählte Abstände [pm] und Winkel [°]: Zn-N1 202.25(4), Zn-N2 204.04(4), Zn-H32 186.89(3), Zn-H33 190.69(3), Zn-H36 176.54(5), N1-P1 159.93(3), P1-C1 181.68(6), C1-B2 168.94(3), P2-C1 180.83(4), N2-P2 160.16(3), B1-H32 121.07(2), B1-H33 109.85(2), B1-H34 112.04(2), B1-H35 112.73(2), B2-H36 128.08(2), B2-H37 107.64(2), B2-H38 112.11(4), Zn···C1 289.67(5); N1-Zn-N2 108.35(9), N1-P1-C1 108.21(1), N2-P2-C1 108.33(9), Zn-N1-P1 110.34(6), Zn-N2-P2 110.40(1), P1-C1-P2 116.48(8), C1-B2-H36 108.60(9), B2-H36-ZN 124.35(4), B1-H32-ZN 92.70(1), B1-H33-ZN 94.50(6).

Am auffälligsten ist hierbei zweifellos die überbrückende Koordination des Boran-Moleküls zwischen dem Brückenkohlenstoffatom des Liganden und dem Metallzentrum (C1-B2-H36-Zn), welches ein neuartiges Koordinationsmuster darstellt. Es kann als (κ^1-BH_3)-Modus beschreiben werden. Der Abstand zwischen C1 und B2 beträgt 168.9 pm, der zwischen B2 und H36 128.1 pm. Er ist damit deutlich länger als die Bindungslängen der nichtkoordinerenden B-H-Bindungen (ca. 11 pm). H36 bindet zudem mit Zn mit einem Abstand von 176.5 pm, sodass die Ausbildung einer 3-Zentren-2-Elektronen-Bindung anzunehmen ist. Diese Annahme wird auch durch den Umstand gestützt, dass die Bindungen des Zinks zu den koordinierenden Boranat-Wasserstoffatomen mit 186.9 pm (Zn-H32) und 190.7 pm (Zn-H33) erheblich länger sind. Das Zinkatom bildet mit den Gerüstatomen des

Liganden wiederum einen sechsgliedrigen Metallazyklus (Zn-N1-P1-C1-P2-N2) in der typischen Wannenkonformation. Die Zn-N-Bindungen liegen mit 202.3 pm (Zn-N1) sowie 204.0 pm (Zn-N2) und der Winkel N1-Zn-N2 mit 108.4° im erwarteten Bereich. Gleiches gilt für die N-P-Bindungen mit 159.9 pm (N1-P1) und 160.2 pm (N2-P2). Dagegen hat die Borankoordination Auswirkungen auf die Bindungsverhältnisse in der Ligandenbrücke.[13],[14] So sind die Bindungen in der P1-C1-P2-Brücke mit durchschnittlich 181.5 pm gegenüber denen im Komplex **6** mit 173.5 pm um 8 pm aufgeweitet und befinden sich im Bereich der für die $[\{(Me_3SiNPPh_2)_2CH_2\}ZnX_2]$-Komplexe **4** und **5** vorliegenden Abstände. Zusätzlich verringert sich der Bindungswinkel von 120.1° auf 116.5°.[13]
Diese Beobachtungen geben Anlass zu der Vermutung, dass die negative Ladung in **8** stärker an C1 lokalisiert ist und das delokalisierte Elektronensystem im Liganden abgeschwächt vorliegt.

Ausgehend von bekannten Bis(phosphinimino)methanid-Zink-Komplexen wurde versucht gezielt Boran-Addukte darzustellen. Dazu wurde zunächst von dem in unserer Arbeitsgruppe von *Dr. T. K. Panda* synthetisierten Komplex $[\{(Me_3SiNPPh_2)_2CH\}Zn(N(SiMe_3)_2)]$ ausgegangen.[48]

Aus der Reaktion von $[\{(Me_3SiNPPh_2)_2CH\}Zn(N(SiMe_3)_2)]$ mit einem Äquivalent $BH_3{\cdot}THF$ konnten in geringer Ausbeute farblose Kristalle aus heißem Toluol erhalten werden. Eine Röntgenstrukturanalyse ergab, dass sich wiederum der Komplex **8** gebildet hat. Deswegen wurde die Reaktion mit drei Äquivalenten $BH_3{\cdot}THF$ wiederholt und **8**, nach Kristallisation aus THF/*n*-Pentan, in einer Ausbeute von 70 % erhalten (Abb. 3.11).

Abbildung 3.11: Direkte Synthese von **8**.

Der Komplex **8** kann folglich auf einem rationalen Syntheseweg dargestellt werden.

3.1.3.2. Synthese von [{(Me$_3$SiNPPh$_2$)$_2$CH}(κ^1-BH$_3$)ZnMe]

Über die Reaktion von **6** mit einem Äquivalent $BH_3{\cdot}THF$ erhält man das Boran-Addukt [{(Me$_3$SiNPPh$_2$)$_2$CH(κ^1-BH$_3$)}ZnMe] (**9**) (Abb.3.12).

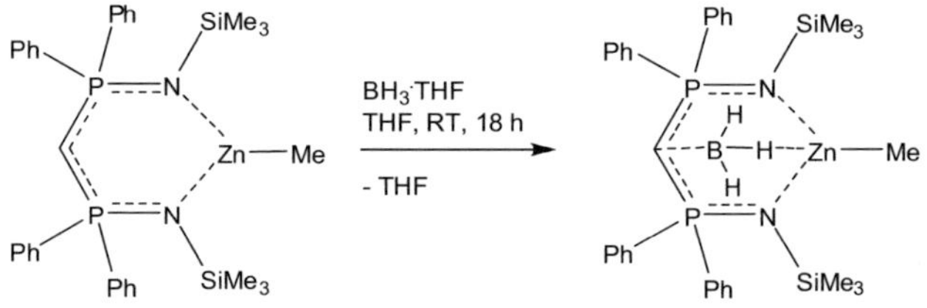

$BH_3{\cdot}THF$, THF, RT, 18 h, - THF: **6** → **9**

Abbildung 3.12: Synthese des BH_3-Addukts **9**.

Im ^{1}H-NMR-Spektrum von **9** liegt für das Brückenmethinproton ebenfalls ein Multiplett bei 2.66 ppm vor. Das Signal der Zink-Methyl-Gruppe erscheint als Singulett bei -0.43 ppm. Es ist gegenüber dem von **6** um 0.6 ppm hochfeldverschoben.

Für die Boranprotonen wird im ^{1}H{^{11}B}-NMR-Spektrum ein Dublett von Tripletts bei 1.02 ppm gefunden. Es können wiederum die zwei Kopplungskonstanten $^3J_{H\text{-}H}$ = 5.0 Hz und $^3J_{H\text{-}P}$ = 15.5 Hz ermittelt werden. Die chemische Verschiebung und Kopplungskonstanten der Boranprotonen sind für **8** und **9** nahezu identisch. Für die Zink-Methyl-Gruppe wird hier ein Singulett bei -0.39 ppm gefunden.

Das ^{13}C{^{1}H}-NMR-Spektrum weist ebenfalls kein Signal für das Brückenkohlenstoffatom auf. Für die Zink-Methyl-Gruppe ein Singulett bei -6.8 ppm beobachtet. Es ist gegenüber dem von **6** um 2.5 ppm ins tiefe Feld verschoben.

Im ^{31}P{^{1}H}-NMR-Spektrum liegt ein Singulett bei 34.5 ppm vor, das im Vergleich zum Edukt **6** um 8 ppm ins hohe Feld verschoben ist.

Das Signal des Boratoms im ^{11}B-NMR-Spektrum erscheint als breites Singulett bei -30.1 ppm und liegt im Bereich des für **8** beobachteten Werts. Da sich im Spektrum kein klares Aufspaltungmuster erkennen lässt kann die Kopplungskonstante $^1J_{B\text{-}H}$ für **9** nicht bestimmt werden.

Im IR-Spektrum erscheinen die $\nu_{B\text{-}H}$-Absorptionsbanden für das (κ^1-BH_3)-Fragment bei Wellenzahlen von 2368, 2324 und 2079 cm^{-1}. Die $\nu_{P=N}$-Absorptionsbanden des Liganden erscheinen bei 1259 cm^{-1} und 1244 cm^{-1}.

Auch für **9** wird im Massenspektrum ein Molekülpeak bei *m/z* = 651 (5 %) gefunden. Von **9** können für eine Röntgenstrukturanalyse geeignete Kristalle aus THF/*n*-Pentan bei -30 °C erhalten werden, welche bislang nur von mäßiger Qualität waren (Abb. 3.13).

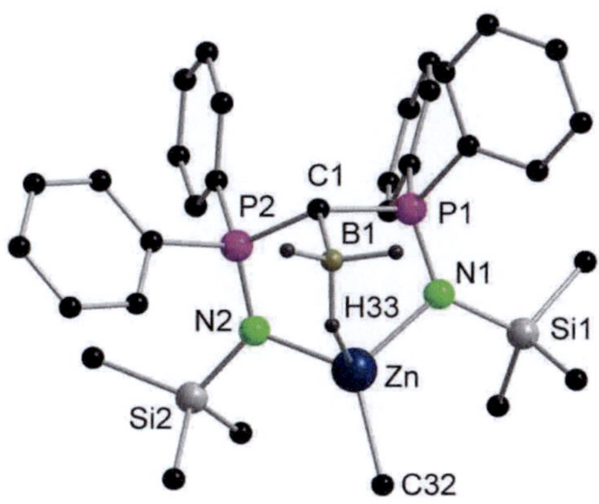

Abbildung 3.13: Struktur von **9** im Festkörper ohne Darstellung der Wasserstoffatome. Ausgewählte Abstände [pm] und Winkel [°]: Zn-N1 210.21(3), Zn-N2 207.29(3), Zn-C32 200.07(4), N1-P1 160.60(4), P1-C1 181.62(3), P2-C1 181.21(3), N2-P2 157.20(4), C1-B1 168.76(5), Zn-H33 179.41(4), B1-H33 125.01(3), Zn···C1 297.60(7); N1-Zn-N2 104.37(6), C32-Zn-N1 124.28(2), C32-Zn-N2 122.46(2), P1-C1-P2 117.24(9), N1-P1-C1 111.53(2), N2-P2-C1 109.24(9), C1-B1-H33 105.72(4), B1-H33-Zn 132.70(7), H33-Zn-C32 108.93(6).

Die Verbindung **9** kristallisiert mit vier Molekülen Komplex und vier Molekülen THF in der monoklinen Raumgruppe $P2_1/c$. Während das Zinkatom im Edukt **6** von Ligand und Methylgruppe verzerrt trigonal-planar umgeben ist, liegt es in **9** durch die Ausbildung der schon in **8** beobachteten 3-Zentren-2-Elektronen-Bindung verzerrt tetraedrisch koordiniert vor. Die Zn-N-Bindungslängen liegen mit 210.2 pm (Zn-N1) und 207.3 pm (Zn-N2) im erwarteten Bereich, während der von diesen aufgespannte Bindungswinkel N1-Zn-N2 mit 104.4° um 4° kleiner als in **8** und gegenüber **6** um 7°

aufgeweitet ist. Auch die Zinkmethylbindung ist mit 200.1 pm (Zn-C32) ca. 4 pm länger als im Edukt. Der Abstand zwischen dem Bor- und dem Brückenkohlenstoffatom (B1-C1) ist mit 168.8 pm mit dem in **8** identisch. Die Bindung des an das Zink koordinierenden Wasserstoffatoms zum Boratom ist mit 125.0 pm (B1-H33) um 3 pm kürzer als in **8**. Gleichzeitig ist die Zn-H-Bindung mit 179.4 pm (Zn-H33) um den gleichen Betrag länger. Auch die Aufweitung der C-P-Bindungen in der Ligandenbrücke wird hier beobachtet (C1-P1 181.6 pm, C1-P2 181.2 pm). Im Unterschied zu **8** ist der Bindungswinkel P1-C1-P2 mit 117.2° nur geringfügig kleiner als im Edukt **6**.[13]

3.1.4. DFT-Rechnungen zu den Bis(phosphinimino)methanid-Zink-Komplexen

Um die Bindungsverhältnisse in **8** und **9** besser verstehen zu können, wurden in Zusammenarbeit mir *Dr. R. Köppe* aus unserer Arbeitsgruppe quantenchemische Rechnungen auf Basis der *Dichtefunktionaltheorie* (DFT) durchgeführt.[49],[50] Die Strukturoptimierungen wurden mit DFT-Methoden und anschließender Populationsanalyse (basierend auf Besetzungszahlen nach Ehrhardt und Ahlrichs) mit Hilfe des Programmpakets *TURBOMOLE* angefertigt.[51],[52] Die Ergebnisse dieser Rechnungen sollen hier kurz wiedergegeben werden.

3.1.4.1. Rechnung zu [{(Me$_3$SiNPPh$_2$)$_2$CH}ZnMe]

Zunächst wurden DFT-Rechnungen zu dem literaturbekannten Komplex [{(Me$_3$SiNPPh$_2$)$_2$CH}ZnMe] **6** als Referenzverbindung durchgeführt. Die berechneten Bindungslängen stehen in guter Übereinkunft mit den experimentell ermittelten. Eine Ausnahme bildet der etwa 25 pm zu lang berechnete Abstand zwischen dem Zink und dem Brückenkohlenstoffatom des Liganden (Zn-C$_{DFT}$ 278.0 pm).[13] Dieser Umstand ist jedoch nicht ungewöhnlich, da es sich bei einer angenommen Zn-C-Bindung um eine schwache, eher disperse Wechselwirkung handeln sollte, welche bei DFT-Methoden nicht explizit berücksichtigt wird.[22] Auf Basis dieser Struktur wurde eine Populationsanalyse durchgeführt und aus deren Ergebnis Partialladungen sowie die *shared-electron-number* (SEN) für ausgesuchte Bindungen berechnet (Abb. 3.14).

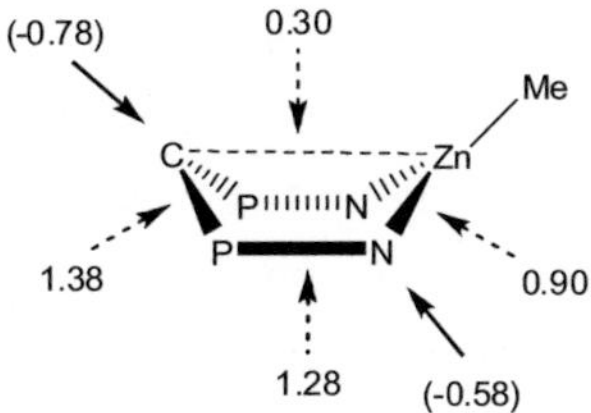

Abbildung 3.14: Berechnete SEN (Partialladungen) für **6**.

Vergleichbare Rechnungen wurden bereits für die Komplexverbindungen [{(Me$_3$SiNPPh$_2$)$_2$CH}YCl$_2$]$_2$ und [{(2,6-(*i*-Pr)$_2$C$_6$H$_3$NPPh$_2$)$_2$CH}NiBr] durchgeführt. Die

Rechnungen für den Yttrium-Komplex ergeben für die Metall-Stickstoff- und Metall-Kohlenstoff-Kontakte jeweils sehr ähnliche SEN-Werte ($SEN_{Y\text{-}N/Y\text{-}C}$ = 0.40), während für den Ni-Komplex ebenfalls sehr ähnliche Partialladungen nach Mulliken an C und N (-0.55) berechnet werden konnten. Für diese Verbindungen kann deshalb eine bindende Wechselwirkung M-C (M = Y, Ni) angenommen werden. Für den Yttrium-Komplex kann die Y-C-Bindung NMR-spektroskopisch über $^{1}J_{C\text{-}Y}$- und $^{2}J_{P\text{-}Y/H\text{-}Y}$-Kopplungen experimentell belegt werden.[22],[53]
Für den Komplex **6** wird für die Zn-N-Bindungen eine SEN von 0.90 berechnet. Für den Zn-C-Kontakt wird dagegen eine um 66 % kleinere SEN von 0.30 berechnet. Auch die berechneten Partialladungen an C (-0.78) und N (-0.58) weichen um 25 % voneinander ab. Eine bindende Wechselwirkung zwischen Zn und C1 kann damit für **6** nicht bestätigt werden. Die SEN für die P-N- (1.28) und P-C-Bindungen (1.38) bestätigen dagegen die für **6** angenommene Ausbildung eines delokalisierten π-Elektronensystems im Ligandgerüst.[13]
Ein neuerer Rechnungsansatz diskutiert die Bindungsverhältnisse und Ladungsverteilung in der Komplexverbindung $[\{(Me_3SiNPPh_2)_2C\}Ca]_2$. Auf der Basis von Atom- und Gruppenladungen, welche aus einer *natural-population-analysis* (NPA) berechnet wurden, wird anstatt eines delokalisierten π-Elektronensystems die Ausbildung von Ylid- und Amid-Resonanzstrukturen (z.B. $\{C^{2-}(P(R_2)^{+}N(R)^{-})_2\}$) angenommen.[33] Aus Mangel an vergleichbaren Daten kann dieser Ansatz jedoch nicht zur Diskussion herangezogen werden.

3.1.4.2. Rechnung zu $[\{(Me_3SiNPPh_2)_2CH\}(\kappa^1\text{-}BH_3)ZnMe]$

Die für $[\{(Me_3SiNPPh_2)_2CH\}(\kappa^1\text{-}BH_3)ZnMe]$ **9** berechneten Bindungslängen stimmen, wie schon beim Edukt **6**, mit den experimentell bestimmten gut überein. Neben dem Zn-C-Abstand (306.0 pm), welcher um ca. 12 pm zu lang berechnet wurde, ist zudem der Zn-H-Kontakt mit 191.9 pm ebenfalls um 16 pm zu lang berechnet. Auf Basis der berechneten Struktur wurde wiederum eine Populationsanalyse durchgeführt und aus deren Ergebnis ausgesuchte SEN berechnet (Abb. 3.15).
Während in **9** die Zn-N-Bindungen mit einer SEN von 0.90 gegenüber dem Edukt keine Veränderung erfahren wirkt sich die Boran-Koordination auf die P-N- und P-C-Bindungen aus. Die SEN für die P-N-Bindung ist mit 1.34 um ca. 4 % größer als im Edukt und damit geringfügig stärker. Für die P-C-Bindungen ist die SEN dagegen mit

1.17 um 15 % geringer, was mit der experimentell beobachteten Bindungsaufweitung um etwa 8 pm einhergeht. Die für die B-H-Zn-Bindungen berechneten SEN betragen 0.48, was im Bereich für jeweils einer halben Bindung liegt. Damit kann die bereits vermutete Ausbildung einer 3-Zentren-2-Elektronen-Bindung in **9** bestätigt werden.

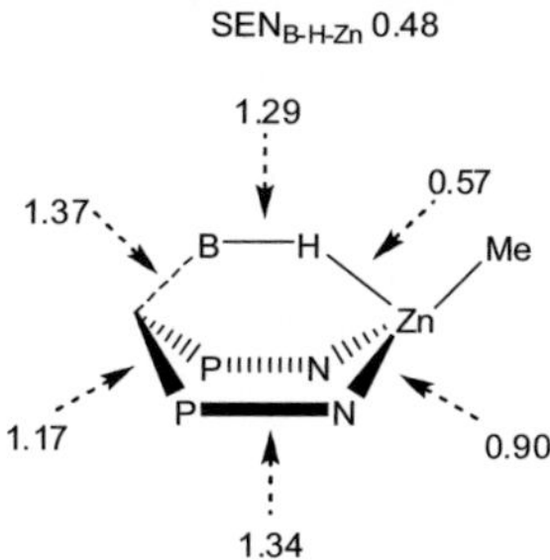

Abbildung 3.15: Berechnete SEN für **9**.

3.1.4.3. Rechnung zu [{($Me_3SiNPPh_2)_2CH$}(κ^1-BH_3)Zn(BH_4)]

Die für [{($Me_3SiNPPh_2)_2CH$}(κ^1-BH_3)Zn(BH_4)] **8** berechneten Bindungslängen sind ebenfalls, bis auf die bereits beobachteten Ausreißer, in guter Übereinstimmung mit den experimentellen Werten. So ist der Zn-C-Abstand wiederum um ca. 8 pm zu lang berechnet, woraus ein um 14 pm aufgeweiteter Zn-H-Kontakt resultiert. Für die berechnete Struktur von **8** wurde ebenfalls eine Populationsanalyse durchgeführt, und aus deren Ergebnis ausgesuchte SEN berechnet (Abb. 3.16).

Der Wechsel des Zinksubstituenten von einer Metyhl-Gruppe in **9** zu einer Boranat-Gruppe in **8** hat auf die berechneten SEN-Werte nur geringfügigen Einfluss. Für die Zn-N-Bindungen wird eine SEN von 0.93 berechnet. Für die C-P- und P-N-Bindungen liegen die SEN mit 1.19 und 1.31 in guter Übereinstimmung mit den für **9** berechneten Werten. Für die 3-Zentren-2-Elektronen-Bindung B-H-Zn wird ebenfalls eine SEN von 0.47 ermittelt, sodass die betrachteten Bindungsverhältnisse in den Komplexverbindungen **8** und **9** als gleich angesehen werden können.

SEN$_{B\text{-}H\text{-}Zn}$ 0.47

1.28

0.56

1.37

B H BH$_4$

Zn

P N

P N

1.19

0.93

1.31

Abbildung 3.16: Berechnete SEN für **8**.

3.1.5. Bis(phosphinimino)methanid-Phenyl-Zink

Neben den Versuchen neue Bis(phosphinimino)methanid-Komplexe des Zinks über eine Salzmetathesereaktion darzustellen, wurde auch die Protolysereaktion als Syntheseweg genutzt.[13],[14],[28],[35]

Der Komplex [{($Me_3SiNPPh_2$)$_2$CH}ZnPh] (**10**) wurde über die Reaktion zwischen dem Neutralliganden **1** und Diphenylzink ($ZnPh_2$) unter Abspaltung eines Äquivalents Benzol in einer Ausbeute von 76 % synthetisiert (Abb.3.17).

Ph Ph SiMe3 P N P N Ph Ph SiMe3 **1** — $ZnPh_2$, PhMe, RT, 16 h, - HPh → Ph Ph SiMe3 P N Zn Ph P N Ph Ph SiMe3 **10**

Abbildung 3.17: Synthese von **10**.

Die Verbindung **10** wurde mit standardspektroskopischen Methoden charakterisiert. Im $^{31}P\{^{1}H\}$-NMR-Spektrum erscheint ein Signal für die beiden äquivalenten Phosphoratome bei 27.1 ppm, was im Bereich der bekannten Methylspezies **6** liegt. Im ^{1}H-NMR-Spektrum erscheint das Triplett des Brückenmethinprotons bei 2.07 ppm. Das $^{13}C\{^{1}H\}$-NMR-Spektrum weist das Signal des Brückenkohlenstoffatoms als Triplett bei 29.2 ppm und zudem das des *ipso*-Kohlenstoffatoms des Phenyl-Liganden im tiefen Feld bei 154.9 ppm auf.

Das IR-Spektrum weist intensive $\nu_{P=N}$-Absorptionen des Liganden bei Wellenzahlen von 1267 cm^{-1} und 1241 cm^{-1} auf.

Der Komplex **10** wurde auch massenspektrometrisch charakterisiert, wobei der Molekülpeak bei *m/z* = 698 detektiert wird.

Für eine Röntgenstrukturanalyse geeignete Einkristalle bildeten sich bereits während der Aufarbeitung des Reaktionsansatzes (Abb. 3.18). Die Verbindung **10** kristallisiert lösungsmittelfrei in der monoklinen Raumgruppe $P2_1/n$ mit vier Molekülen Komplex pro Elementarzelle. Das Zinkatom bildet mit dem Ligandgerüst den typischen sechsgliedrigen Metallazyklus (Zn-N1-P1-C1-P2-N2), welcher eine verzerrte

Wannen-Konformation einnimmt. Der Ligand koordiniert über beide Phosphinimineinheiten. Das Metallzentrum ist in **10** trigonal-planar koordiniert.

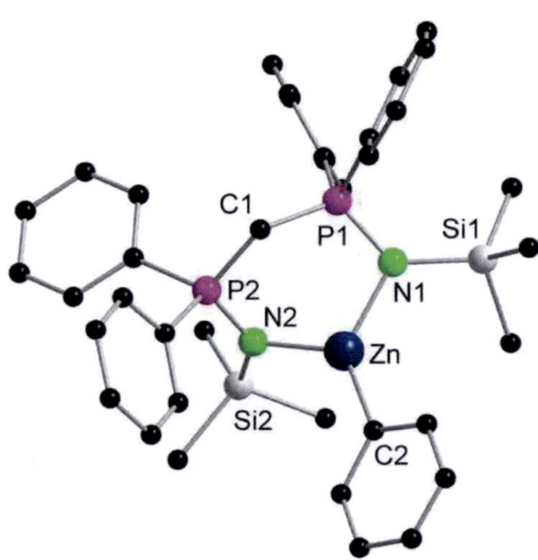

Abbildung 3.18: Struktur von **10** im Festkörper ohne Darstellung der Wasserstoffatome. Ausgewählte Abstände [pm] und Winkel [°]: Zn-N1 198.53(3), Zn-N2 202.98(4), Zn-C2 196.53(4), N1-P1 161.44(3), P1-C1 172.77(6), P2-C1 171.64(4), N2-P2 160.43(3), Zn···C1 292.33(5), N1-Zn-N2 104.52(3), C2-Zn-N1 129.48(5), C2-Zn-N2 125.97(4), P1-C1-P2 124.90(1), N1-P1-C1 112.54(8), N2-P2-C1 108.90(4).

Die Zn-N-Abstände in **10** sind mit 198.5 pm (Zn-N1) und 202.9 pm (Zn-N2) mit denen in [{($Me_3SiNPPh_2)_2CH$}ZnN($SiMe_3)_2$] identisch, während sie gegenüber denen in **6** um ca. 5 pm kürzer sind. Sie spannen einen Bindungswinkel N1-Zn-N2 von 104.5° auf, welcher im erwarteten Bereich liegt. Gleiches gilt für die Zn-Ph-Bindung mit 196.5 pm (Zn-C2). Auch im Ligandengerüst liegen mit C-P-Bindungen von 172.8 pm (C1-P1) und 171.6 pm sowie einem P1-C1-P2-Bindungswinkel von 124.9° die erwarteten Bindungsverhältnisse vor. Der Abstand des Zinkatoms zu C1 mit 292.3 pm gegenüber 252.7 pm im Komplex **6** um ca. 40 pm größer was sich jedoch durch repulsive Wechselwirkungen des Phenylliganden mit den Trimethylsilylgruppen des Liganden begründen lässt. Diese Beobachtung deckt sich mit dem für [{($Me_3SiNPPh_2)_2CH$}N($SiMe_3)_2$] ermittelten Abstand, der ca. 45 pm größer ist.[13], [48]

Aus früheren Arbeiten in unserer Arbeitsgruppe ist bekannt, dass sich aus dem Komplex [{(*i*-Pr)$_2$ATI}ZnPh] unter Zugabe eines Cokatalysators eine katalytisch aktive Spezies für die intramolekulare Hydroaminierung an Kohlenstoff-Kohlenstoff-Mehrfachbindungen erzeugen lässt.[18] Daher liegt es nahe den Komplex **10** ebenfalls auf seine Eignung als Katalysator zu untersuchen. Dazu wurde in Zusammenarbeit mit *A. Lühl* aus unserer Arbeitsgruppe ein Testansatz durchgeführt (Abb. 3.19).

Ph Ph H N S

10 2.5 mol%
Co-Kat. 2.5 mol%
C_6D_6
80 °C

Ph Ph N S

Co-Kat.: [PhNMe$_2$H][B(C_6F_5)$_4$]

Abb. 3.19: Testansatz für **10** als Hydroaminierungskatalysator.

Aus diesem Ansatz folgt, dass die Verbindung **10** im Fall der Hydroaminierungsreaktion katalytisch inaktiv ist.

3.1.6. Bis(phosphinimino)methanid-Phenyl-Zink-Derivate

Da **10** als Katalysator für die Hydroaminierung nicht geeignet ist, wurde untersucht inwiefern der Phenylrest als Abgangsgruppe genutzt werden kann und welche Folgechemie dadurch ermöglicht wird.

Obwohl Amidinatliganden in der Chemie der Übergangsmetalle schon seit vielen Jahren etabliert sind, wird diese Ligandenklasse erst seit kurzem in der Komplexchemie des Zinks intensiver untersucht. Diese lassen sich neben Salzmetathesereaktionen auch über die Umsetzung von Zinkbisalkylen mit Carbodiimiden synthetisieren.[54]–[57]

3.1.6.1. Reaktion von [{($Me_3SiNPPh_2)_2CH$}ZnPh] mit Di-(p-tolyl)-carbodiimin

Aus diesem Grund wurde die Reaktivität von **10** gegenüber Di-(*p*-tolyl)-carbodiimin (DTC) getestet, um zu untersuchen, ob ein Zugang zu heteroleptischen Bis(phosphinimino)methanid-Benzamidinat-Zink-Komplexen möglich ist.
Dazu wurde zu einer Suspension von DTC eine Lösung von **10** in Toluol gegeben. Nach erfolgter Zugabe klärt sich die Suspension sofort auf, weshalb auf ein Erhitzen am Rückfluss verzichtet wurde. Anstelle des erwarteten Amidinats wurde eine Reaktion am Brückenkohlenstoffatom des Bis(phosphinimino)methanid-Liganden beobachtet. Dieses addiert an das elektrophile Kohlenstoffzentrum des Carbodiimins. Dabei entsteht ein monoanionischer tripodaler (P,N)-N-(P,N)-Ligand, in welchem die negative Ladung am neu gebildeten (*p*-Tol)-Amid-Stickstoffatom lokalisiert ist. Das Reaktionsprodukt [{($Me_3SiNPPh_2)_2CH$)(*p*-Tol)N=C-N(*p*-Tol)}ZnPh] (**11**) wird mit einer Ausbeute von 46 % als blassgelber kristalliner Feststoff erhalten (Abb. 3.20).
Die Verbindung **11** wurde mit standardspektroskopischen Methoden untersucht. Im $^{31}P\{^1H\}$-NMR-Spektrum liegt für die beiden äquivalenten Phosphoratome ein Singulett bei 24.8 ppm vor. Gegenüber dem Edukt **10** ist es um etwa 2.5 ppm ins hohe Feld verschoben und liegt im für die {($Me_3SiNPPh_2)_2CH_2$}-Addukte **4** und **5** beobachteten Bereich.

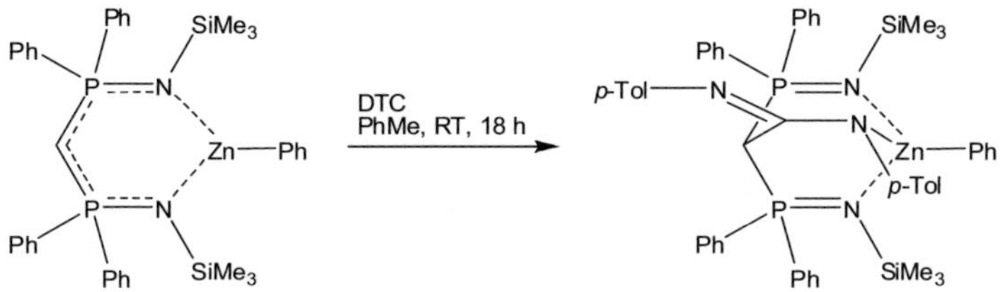

Abbildung 3.20: Reaktion von **10** mit DTC.

Im ^{1}H-NMR-Spektrum erscheint das charakteristische Triplett des Methinprotons bei 4.40 ppm. Dies entspricht einer Tieffeldverschiebung von 2.3 ppm gegenüber dem Signal in **10** und ist ebenfalls mit der für **4** und **5** beobachteten chemischen Verschiebung vergleichbar. Zudem findet man für die (*p*-Tolyl)-Methylgruppen zwei Singuletts. Das der Amidgruppe zuzuordnende Signal beobachtet man bei 2.13 ppm, das der Imingruppe bei 2.34 ppm.

Im $^{13}C\{^{1}H\}$-NMR-Spektrum liegt das Triplett des Brückenkohlenstoffatoms bei 44.2 ppm. Gegenüber **10** ist es um 15 ppm ins tiefe Feld verschoben. Das Signal für das *ipso*-Kohlenstoffatoms des Phenyl-Liganden ist gegenüber dem in **10** um 8 ppm Hochfeldverschoben und erscheint bei 147.3 ppm. Für das neu gebildete N=C-N-Fragment wird ein Signal bei 158.2 ppm gefunden. Den (*p*-Tolyl)-Methylgruppen lassen sich zwei Singuletts bei 19.8 ppm (Amid) und 20.3 ppm (Imin) zuordnen.

Der Komplex **11** wurde zudem massenspektrometrisch untersucht. Im EI-MS-Spektrum wird der Molekülpeak mit geringer relativer Intensität bei *m/z* = 922 (2 %) detektiert. Das erste intensive Signal bei *m/z* = 698 (54 %) ist auf die Abspaltung eines DTC-Fragments zurückführen.

Einkristalle von **11**, die für eine Röntgenstrukturanalyse geeignet sind, können aus einer heißgesättigten Toluollösung erhalten werden (Abb. 3.21).

Die Verbindung **11** kristallisiert lösungsmittelfrei in der monoklinen Raumgruppe $P2_1/c$ mit vier Molekülen Komplex in der Elementarzelle. Das Zinkatom wird von den drei Stickstoffatomen des Liganden und der Phenylgruppe verzerrt tetraedrisch koordiniert.

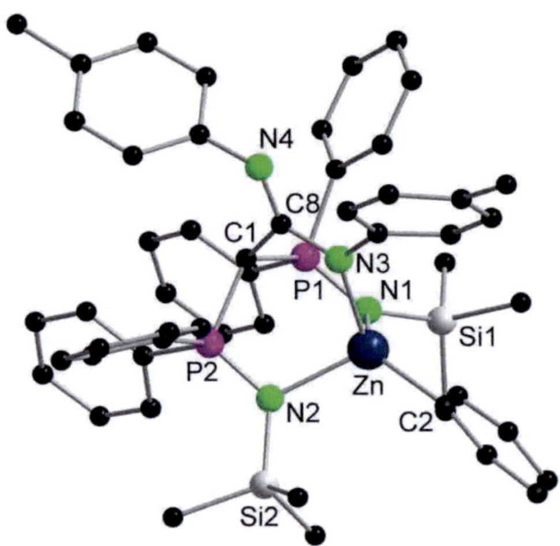

Abbildung 3.21: Struktur von **11** im Festkörper ohne Darstellung der Wasserstoffatome. Ausgewählte Abstände [pm] und Winkel [°]: Zn-N1 210.64(4), Zn-N2 212.58(4), Zn-N3 207.02(4), Zn-C2 200.93(6), N1-P1 158.19(4), P1-C1 185.35(4), P2-C1 184.42(3), N2-P2 157.33(3), C1-C8 153.59(3), C8-N3 136.08(4), C8-N4 128.44(2), Zn···C1 300.56(8); N1-Zn-N2 93.71(8), N1-Zn-N3 96.62(5), N2-Zn-N3 100.70(1), C2-Zn-N1 126.64(2), C2-Zn-N2 116.47(6), C2-Zn-N3 117.35(9), P1-C1-P2 114.88(4), N1-P1-C1 111.09(2), N2-P2-C1 109.73(1),C1-C8-N3 111.89(6), C1-C8-N4 122.26(1), N3-C8-N4 125.74(7), C8-N3-Zn 120.48(2).

Die Zink-Phenyl-Bindung (Zn-C2) ist mit 200.9 pm im Vergleich zum Edukt **10** um etwa 4 pm länger. Die Zn-N-Bindungen sind mit durchschnittlich 210.6 pm (Zn-N1) und 212.6 pm (Zn-N2) um ca. 10 pm länger als in **10**. Gleichzeitig nimmt der Bindungswinkel N1-Zn-N2 um etwa 11° auf 93.7° ab, was auf Grund der veränderten Koordinationsgeometrie auch zu erwarten ist. Die neu gebildete Zink-Amid-Bindung (Zn-N3) ist mit 207.0 pm um ca. 4 pm kürzer als Zn-N1 bzw. Zn-N2, was durch die Lokalisierung der negativen Ladung des Liganden an N3 zu erklären ist. Dafür spricht auch die unterschiedliche Kohlenstoff-Sickstoff-Bindungslänge im DTC-Fragment. Während die Bindung zwischen C8 und N4 mit 128.4 pm den erhalt der Iminfunktion bestätigt ist die Bindung zwischen C8 und N3 mit 136.1 pm deutlich länger. Die neu geknüpfte Kohlenstoff-Kohlenstoff-Bindung (C1-C8) im Ligandengerüst entspricht mit einer Länge von 153.6 pm dem für C-C-

Einfachbindungen erwarteten Wert.[57] Mit dieser Bindungsknüpfung wird zudem das in **10** vorliegende delokalisierte π-Elektronensystem des Ligandenrückgrats aufgehoben. Damit einher geht zum einen eine drastische Aufweitung der Phosphor-Kohlenstoff-Bindungen in der Ligandenbrücke. Die C-P-Bindungen sind mit 185.4 pm (C1-P1) und 184.4 pm (C1-P2) um 14 pm länger als im Edukt **10**. Zum anderen verringert sich der P1-C1-P2-Bindungswinkel um 10° auf 114.9°. Zudem sind die P-N-Bindungen mit 158.2 pm (P1-N1) sowie 157.3 (P2-N2) um 3 pm kürzer als in der Ausgangsverbindung **10**.

3.1.6.2. Reaktion von [{($Me_3SiNPPh_2)_2CH$}ZnPh] mit Diphenylketen

Um zu überprüfen ob die Reaktivität des Brückenkohlenstoffatoms im BIPM-Liganden gegenüber Heteroallenen allgemein gültig ist wurde **10** mit Diphenylketen (DPK) umgesetzt.[59]

Es findet wiederum die für **11** beobachtete Additionsreaktion statt, bei der ein monoanionischer tripodaler (P,N)-O-(P,N)-Ligand entsteht. In diesem wird eine Enolat-Funktion aus dem Keten gebildet. Nach erfolgter Aufarbeitung konnte das Additionsprodukt [{($Me_3SiNPPh_2)_2CH$)(Ph_2C=C-O)}ZnPh] (**12**) als blassgelber kristalliner Feststoff mit einer Ausbeute von 42 % erhalten werden (Abb. 3.22).

Abbildung 3.22: Reaktion von **10** mit DPK.

Auch der Komplex **12** wurde mit standardspektroskopischen Methoden untersucht. Im $^{31}P\{^1H\}$-NMR-Spektrum erscheint für die beiden äquivalenten Phosphoratome ein Singulett bei 25.3 ppm. Gegenüber dem Edukt **10** ist es um 1.8 ppm hochfeldverschoben und liegt damit im Bereich der für **4**, **5** und **11** gemessenen Verschiebungen.

Im ^{1}H-NMR-Spektrum liegt das Signal des Brückenmethinprotons als Triplett bei 3.64 ppm vor. Im Vergleich zum Edukt **10** ist es um ca. 1.5 ppm ins tiefe Feld verschoben und liegt damit eher im Bereich des freien Neutralliganden **1** (3.42 ppm) als in dem für die Komplexe **4**, **5** und **11** (4.20 - 4.40 ppm) beobachteten Bereich.[42] Für die Phenylsignale lassen sich nur stark überlagerte Signalsätze finden, die sich nicht genauer zuordnen lassen.

Im ^{13}C{^{1}H}-NMR-Spektrum erscheint das Signal des Brückenkohlenstoffatoms als wenig intensives Triplett bei 47.8 ppm. Weitere charakteristische Signale sind das des Ph_2C-Kohlenstoffs bei 114.9 ppm sowie des C-O-Kohlenstoffs bei 160.0 ppm.

Im Massenspektrum von **12** kann ein Molekülpeak bei *m/z* = 892 (6 %) detektiert werden.

Für eine Röntgenstrukturanalyse geeignete Einkristalle wurden aus der NMR-Probe in d_8-THF erhalten. Die Verbindung **12** kristallisiert in der monoklinen Raumgruppe $P2_1/c$ mit vier Molekülen Komplex und vier Molekülen THF in der Elementarzelle (Abb 3.23). Auch in **12** wird das Metallzentrum von den zwei Stickstoffatomen und dem Sauerstoffatom des tripodalen Liganden sowie der Phenylgruppe verzerrt tetraedrisch koordiniert. Die Zn-N-Bindungen sind mit 206.9 pm (Zn-N1) und 209.3 pm (Zn-N2) etwa 6 pm länger als im Edukt **10**. Im Vergleich zu **11** ist diese Bindungsaufweitung um 4 pm geringer, woraus ein um 5.6° größerer Bindungswinkel N1-Zn-N2 von 99.3° resultiert. Dieser ist im Vergleich mit dem für **10** ermittelten Winkel um 5.2° kleiner. Die Bindung zwischen dem Zink und der Phenylgruppe (Zn-C32) befindet sich in **12** mit 198.5 pm ebenfalls zwischen den für **10** (196.5 pm) und **11** (200.9 pm) beobachteten Werten. Die Zn-O-Bindung ist mit 202.2 pm geringfügig länger als die Zink-Kohlenstoff-Bindung. Die Bindungslängen und -winkel im Ligandenrückgrat von **12** stimmen mit den für **11** ermittelten Werten gut überein. Die C-P-Bindungen liegen mit 185.1 pm (C1-P1) sowie 184.9 pm (C1-P2) und einem Winkel P1-C1-P2 von 114.3° im erwarteten Bereich. Gleiches gilt für die P-N-Bindungen mit 157.7 pm (P1-N1) und 158.3 pm (P2-N2). Für die neu geknüpfte C-C-Bindung wird eine Länge von 154.3 (C1-C38) ermittelt, was dem erwarteten Wert für eine C-C-Einfachbindung entspricht.[58] Im Enol-Fragment wird für die C-O-Bindung eine Bindungslänge von 131.5 pm (C38-O1), für die C-C-Bindung eine von 137.2 pm (C38-C39) gefunden. Sie befinden sich in den für Zink-Enolat-Komplexe, wie dem *Reformatzky-Ester* [BrZn{$CH_2C(O)O$-*t*-Bu}]$_2$, berichteten Bereichen.[60],[61]

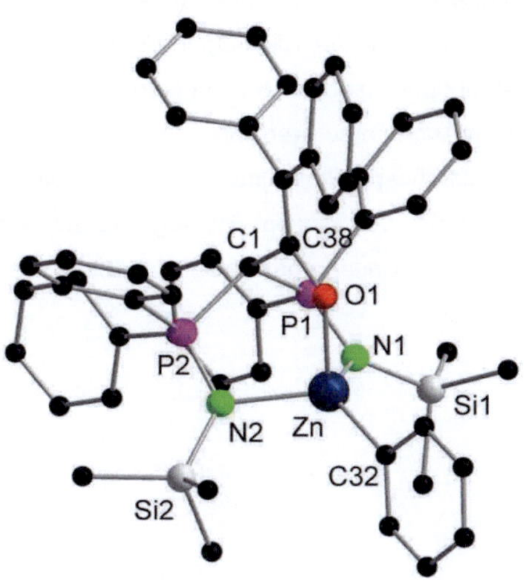

Abbildung 3.23: Struktur von **12** im Festkörper ohne Darstellung der Wasserstoffatome. Ausgewählte Abstände [pm] und Winkel [°]: Zn-N1 206.91(4), Zn-N2 209.26(5), Zn-O1 202.16(3), Zn-C32 198.53(4), N1-P1 157.67(3), P1-C1 185.13(3), P2-C1 184.88(6), N2-P2 158.32(3), C1-C38 154.29(3), C38-O1 131.54(2), C38-C39 137.22(2), Zn···C1 303.57(5); N1-Zn-N2 99.26(9), N1-Zn-O1 95.15(9), N2-Zn-O1 96.40(2), C32-Zn-N1 125.02(1), C32-Zn-N2 122.91(1), C32-Zn-O1 111.45(4), P1-C1-P2 114.28(2), N1-P1-C1 111.01(5), N2-P2-C1 109.78(3), C1-C38-O1 113.44(3), C38-O1-Zn 122.61(6).

Im Gegensatz zu den bekannten Bis(phosphinimino)methanid-Komplexen der Lanthanoide, Erdalkalimetalle, Übergangsmetalle und Gruppe-13-Elementen, zeigen diese Komplexe des Zinks eine unerwartete, gar ungewöhnliche Reaktivität gegenüber elektrophilen Verbindungen wie dem Boran oder Heteroallenen. Diese Beobachtungen können unter zwei Aspekten betrachtet werden, nämlich den elektronischen und sterischen Verhältnissen in den Bis(phosphinimino)methanid-Zink-Komplexen.

Anhand der Ergebnisse der für den Komplex **6** durchgeführten DFT-Rechnungen, konnte eine bindende Wechselwirkung zwischen dem Metallzentrum und dem Brückenkohlenstoffatom des Liganden nicht bestätigt werden. Der ausgeprägte nukleophile Charakter des Brückenkohlenstoffatoms im Bis(phosphinimino)methanid-

Liganden kann demnach auf das Fehlen eben dieser Wechselwirkung zurückzuführen sein. Zudem wird der Alkyl-Ligand in **6** und **10** durch die Silyl- und Phenyl-Reste des Bis(phosphinimino)methanid-Liganden sterisch stark abgeschirmt, wodurch ein elektrophiler Angriff erschwert wird.

Das von den Bis(phosphinimino)methanid-Zink-Komplexen beobachtete Reaktionsverhalten erscheint vor diesem Hintergrund plausibel, obwohl es sich lediglich um einen qualitativen Erklärungsversuch handelt.

3.2. Aminotroponiminat-Zink-Komplexe

In der Arbeitsgruppe *Roesky* konnte durch Verwendung des Aminotroponiminat-Liganden bereits eine Vielzahl an Komplexverbindungen des Zinks, der Lanthanoide und der schweren Erdalkalimetalle synthetisiert werden. Diese zeigen zum teil hohe Aktivität als homogene Katalysatoren in der intramolekularen Hydroaminierung von Aminoalkenen und -Alkinen.[16]-[18],[62]-[66]

3.2.1. Der Aminotroponimin-Ligand

Der Neutralligand Di-(*i*-propyl)aminotroponimin (H{(*i*-Pr)$_2$ATI}, (**13**)) kann nach einer literaturbekannten dreistufigen Synthese dargestellt werden (Abb. 3.24).[67]

In der ersten Stufe wird Tropolon (**A**) durch die Reaktion mit 4-Toluolsulfonsäurechlorid (TsCl) in Gegenwart einer Base in seinen Tosylester (**B**) überführt. In der zweiten Stufe wird **B** über eine nukleophile Substitution mit *i*-Propylamin zu *i*-Propyl-Aminotropon (**C**) umgesetzt. In der dritten Stufe wird die Carbonylfunktion von **C** zuerst mit *Meerwein Salz* (Et_3OBF_4) aktiviert und in einer anschließenden Substitutionsreaktion mit *i*-Propylamin unter Abspaltung von Ethanol und HBF_4 zu **13** umgesetzt.

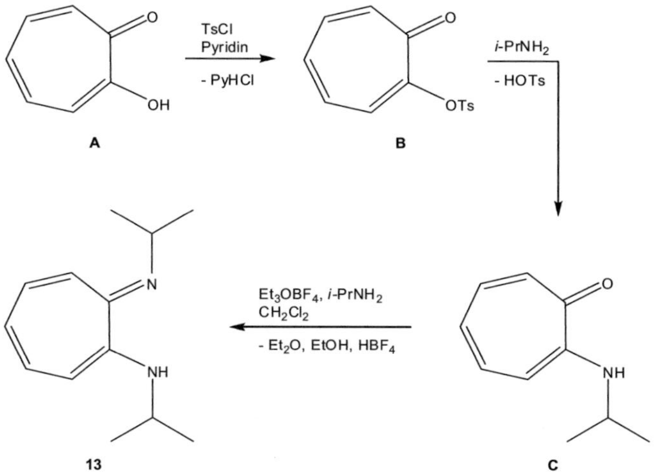

Abbildung 3.24: Synthese des Neutralliganden **13**.

Ausgehend von **B** können wahlweise verschiedene Amine zur Synthese der (ATI)-Liganden eingesetzt werden, wodurch eine Vielzahl an symmetrischen und unsymmetrischen Liganden zur Verfügung steht.
Aus dem Neutralliganden **13** können mit Zinkverbindungen des Typs ZnR_2 (R = Me, Ph, $N(SiMe_3)_2$) die heteroleptischen Komplexe $[\{(i\text{-}Pr)_2ATI\}ZnR]$ dargestellt werden.[16]-[18]

3.2.2. Die Synthese von $[\{(i\text{-}Pr)_2ATI\}ZnCl]_2$

Über Protolysereaktionen konnte bereits eine Vielzahl von (ATI)-Zink-Komplexen synthetisiert werden. Dem gegenüber blieben Versuche in unserer Arbeitsgruppe (ATI)-Zink-Halogenide über eine Salzmetathesereaktion darzustellen bislang erfolglos. Aufgrund der erfolgreichen Synthese von $[\{(Me_3SiNPPh_2)_2CH\}ZnCl]_2$ **3** über die Umsetzung des Neutralliganden $\{(Me_3SiNPPh_2)_2CH_2\}$ **1** mit EtZnCl wurde die Reaktion analog für den (ATI)-Liganden **13** durchgeführt. Nach einer Reaktionszeit von ca. 30 Minuten fällt das Produkt $[\{(i\text{-}Pr)_2ATI\}ZnCl]_2$ (**14**) in Form eines gelben feinkristallinen Feststoffs aus der orangen Lösung aus. **14** wird mit einer Ausbeute von 84 % erhalten (Abb. 3.25).

Abbildung 3.25: Synthese von **14**.

Der Komplex **14** wurde mit standardspektroskopischen Methoden charakterisiert. Das ^{1}H-NMR-Spektrum ist mit denen der bekannten ATI-Zink-Komplexe in guter Übereinstimmung. Das Signal der *i*-Propyl-Methylprotonen erscheint als Dublett bei 1.29 ppm, das der Methinprotonen als Septett bei 4.00 ppm. Sie sind gegenüber den [{(*i*-Pr)$_2$ATI}ZnR]-Komplexen (R = Me, Ph, N(SiMe$_3$)$_2$) geringfügig tieffeldverschoben. Das ^{13}C{^{1}H}-NMR-Spektrum ist ebenfalls mit denen der bekannten Verbindungen konsistent. Die Signale der *i*-Propyl-Kohlenstoffe erscheinen bei 24.2 ppm und 49.2 ppm.[16]-[18]

Im Massenspektrum von **14** kann kein Molekülpeak gefunden werden. Stattdessen wird ein Peak für ein halbes Molekülfragment bei *m/z* = 302 detektiert.

Für eine Röntgenstrukturanalyse geeignete Einkristalle von **14** können aus einer heißgesättigten Toluol-Lösung erhalten werden (Abb. 3.26).

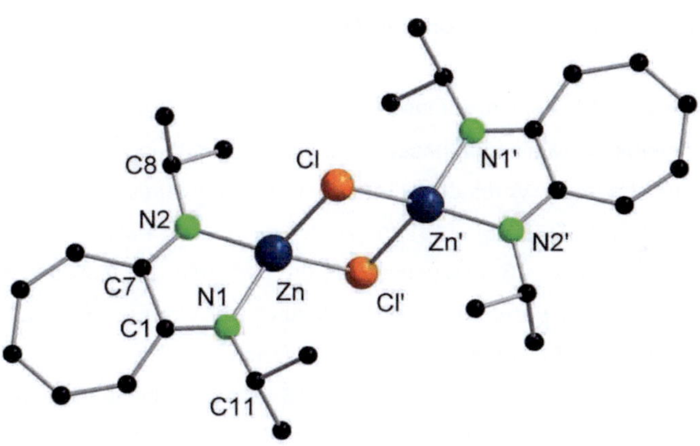

Abbildung 3.26: Struktur von **14** im Festkörper ohne Darstellung der Wasserstoffatome. Ausgewählte Abstände [pm] und Winkel [°]: Zn-Cl 233.18(3), Zn-Cl' 236.70(4), Zn-N1 196.05(3), Zn-N2 197.43(3), N1-C1 133.67(2), N2-C7 132.18(2); Cl-Zn-Cl' 89.38(4), N1-Zn-N2 83.37(1), N1-Zn-Cl 125.65(9), N1-Zn-Cl 117.15(8), N2-Zn-Cl 121.46(7), N2-Zn-Cl' 124.05(2), Zn-Cl-Zn' 90.61(6).

Die Verbindung **14** kristallisiert lösungsmittelfrei in der orthorhombischen Raumgruppe *P*bca mit vier Molekülen Komplex in der Elementarzelle. **14** bildet einen dimeren Komplex, dessen Metallzentren symmetrisch durch zwei Chloratome µ-verbrückt werden. Daraus resultiert für die Zinkatome eine verzerrt tetraedrische Koordination. Dieses Koordinationsmuster wurde bereits für die Alkoxid-Komplexe [{(*i*-Pr)$_2$ATI}ZnOR]$_2$ (R = *i*-Pr, Ph) beobachtet.[61] Im Zentrum des planaren Zn-Cl-Zn'-Cl'-Rings befindet sich ein kristallographisches Inversionszentrum. Der Abstand zwischen Zn und Zn' beträgt 334.0 pm. Im Vergleich zu den Alkoxiden ist er um 34 pm ([{(*i*-Pr)$_2$ATI}ZnO-*i*-Pr]$_2$) bzw. 24 pm ([{(*i*-Pr)$_2$ATI}ZnOPh]$_2$) größer, was mit dem unterschiedlichen sterischen Anspruch der μ-Cl- gegenüber den μ-OR-Brücken zu erklären ist. Dieser Aspekt spiegelt sich sowohl in den Zn-Cl-Bindungslängen als auch dem Cl-Zn-Cl'-Bindungswinkel wider. Die Bindungslängen betragen 233.2 pm (Zn-Cl) sowie 236.7 pm (Zn-Cl') und sind ca. 40 pm länger als in den Alkoxid-Komplexen. Der Winkel Cl-Zn-Cl' ist mit 89.4° ebenfalls um etwa 10° größer. Die Zn-N-Bindungslängen in **14** liegen mit 196.1 pm (Zn-N1) und 197.4 pm (Zn-N2) im erwarteten Bereich.

3.2.2. Versuche zur Synthese von [{(*i*-Pr)$_2$ATI}Zn(BH$_4$)]

Mit dem Komplex **14** steht nun eine Ausgangsverbindung für die Synthese neuer ATI-Zink-Komplexe *via* Salzmetathesereaktionen zur Verfügung.
Um die Folgechemie der Verbindung **14** zu untersuchen wurde zu erst versucht den Komplex [{(*i*-Pr)$_2$ATI}Zn(BH$_4$)] (**15**) darzustellen. Dazu wurde **14** mit $NaBH_4$ umgesetzt.[12] Versuche **15** umzukristallisieren und rein zu isolieren scheiterten jedoch. Nach ca. einer Woche konnte die Bildung eines grauen Feststoffs, der auf eine Zersetzung von **15** hindeutet, beobachtet werden.
Zudem wurde für die Darstellung von **15** die Synthesemethode für den Bis(phosphinimino)methanid-Komplex **8** durchgeführt. Die Reaktion der bekannten Verbindungen [{(*i*-Pr)$_2$ATI}ZnMe] und [{(*i*-Pr)$_2$ATI}ZnN(SiMe$_3$)$_2$] mit $BH_3 \cdot$THF führte ebenfalls zur Bildung von Zersetzungsprodukten, die bei der Umsetzung von [{(*i*-Pr)$_2$ATI}ZnMe] bereits nach wenigen Stunden und von [{(*i*-Pr)$_2$ATI}ZnN(SiMe$_3$)$_2$] nach ca. zwei Tagen zu beobachten waren (Abb. 3.26).[16],[18]

Versuche zur Synthese neuer ATI-Zink-Amid-Komplexe werden derzeit durchgeführt, wobei erste Ergebnisse vielversprechend sind.

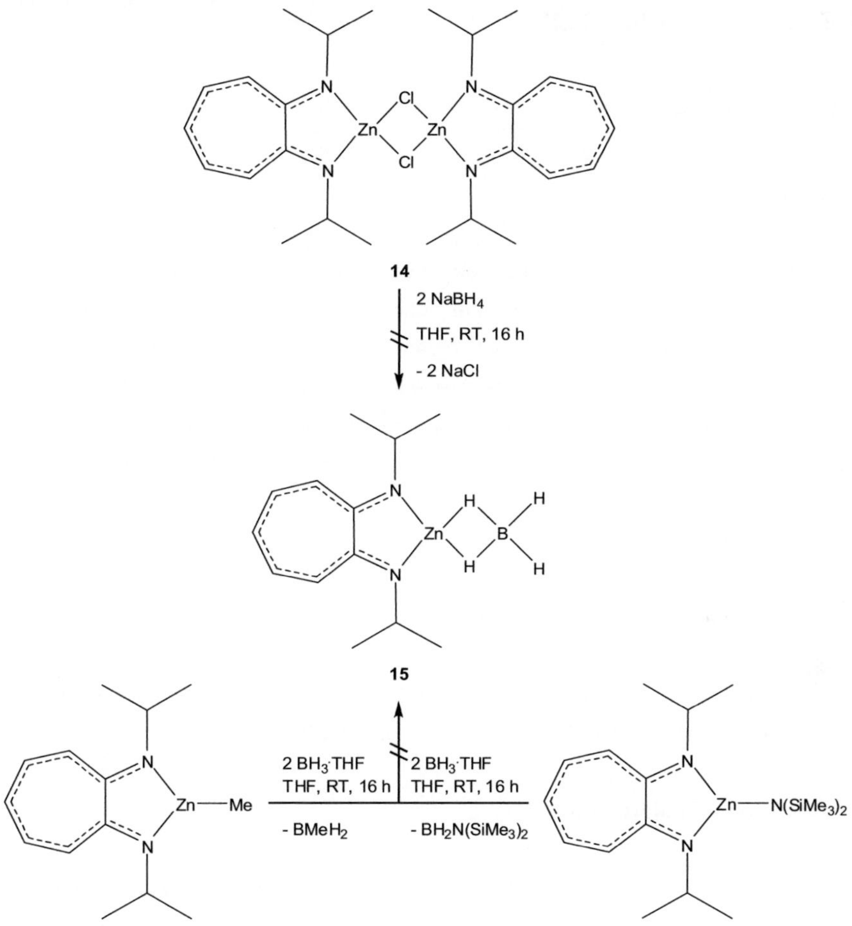

14

2 $NaBH_4$
THF, RT, 16 h
- 2 NaCl

15

2 $BH_3 \cdot THF$
THF, RT, 16 h
- $BMeH_2$

2 $BH_3 \cdot THF$
THF, RT, 16 h
- $BH_2N(SiMe_3)_2$

Abbildung 3.26: Versuche zur Synthese von **15**.

4. Experimenteller Teil

4.1. Allgemeines

Arbeitstechnik

Alle Arbeiten wurden unter strengem Ausschluss von Luft und Feuchtigkeit durchgeführt. Dazu wurden ausgeheizte Schlenkgefäße an Hochvakuummapparturen mit einem Endvakuum von ca. 10^{-3} mbar und Gloveboxen der Firma *MBraun* verwendet. Vorrats- und Reaktionsgefäße wurden über Schlauchverbindungen oder direkt über Schliffverbindungen an die Apparaturen angeschlossen, wiederholt auf Maximalvakuum evakuiert und anschließend mit Stickstoff oder Argon geflutet.

Lösungsmittel

Kohlenwasserstoffe (*n*-Pentan, *n*-Heptan, Toluol) wurden über eine Lösungsmitteltrocknungsanlage (SPS) der Firma *MBraun* getrocknet. Etherische Lösungsmittel (Et_2O, THF) wurden aus einer SPS-Anlage entnommen und nochmals über K/Benzophenon unter einer Stickstoffatmosphäre destilliert.

Spektroskopie/Spektrometrie

NMR-Spektren wurden auf AV400 bzw. AV300 FT-NMR-Spektrometern der Firma *Bruker* aufgenommen. Die chemischen Verschiebungen (ppm) sind auf Tetramethylsilan (^{1}H, ^{13}C) als internem Standard, $BF_3 \cdot Et_2O$ (^{11}B) sowie 85 %-ige H_3PO_4 (^{31}P) als externem Standard referenziert. Die Aufnahme von IR-Spektren erfolgte an einem IFS 113v Spektrometer der Firma *Bruker*. Massenspektren wurden auf einem MAT 8200 der Firma *Finnigan* gemessen. Elementaranalysen wurden mit einem Vario EL III der Firma *Elementar Analysensysteme GmbH* durchgeführt.

4.2. Synthesevorschriften und Analytik

4.2.1. Synthese der bekannten Edukte

Die folgenden Verbindungen wurden nach literaturbekannten Vorschriften dargestellt:

$\{(Me_3SiNPPh_2)_2CH_2\}$ (**1**)[42]
$[K\{(Me_3SiNPPh_2)_2CH\}]$ (**2**)[43]
$[\{(Me_3SiNPPh_2)_2CH\}ZnMe]$ (**6**)[13]
$[\{(Me_3SiNPPh_2)_2CH\}ZnN(SiMe_3)_2]$[14]
$ZnPh_2$[5]
EtZnCl[6]
$Zn(O\text{-}i\text{-}Pr)_2$[7]
$Ph_2C{=}C{=}O$[59]
$H\{(i\text{-}Pr)_2ATI\}$ (**13**)[67]
$[\{(i\text{-}Pr)_2ATI\}ZnMe]$[16]
$[\{(i\text{-}Pr)_2ATI\}ZnN(SiMe_3)_2]$[18]

4.2.2. Synthese der neuen Verbindungen

4.2.2.1. *[{(Me$_3$SiNPPh$_2$)$_2$CH}ZnCl]$_2$ (**3**)*

Zu einer Lösung von {(Me$_3$SiNPPh$_2$)$_2$CH$_2$} **1** (559 mg, 1.0 mmol) in 10 mL Toluol wird bei RT EtZnCl (130 mg, 1.0 mmol) in 20 mL Toluol zugetropft. Dabei ist eine Gasentwicklung zu beobachten. Es wird bei RT gerührt bis sich ein Niederschlag bildet (ca. 45 min.) und von diesem abfiltriert. Das Lösungsmittel wird im Vakuum entfernt. Anschließend wird das Produkt mit 5 mL *n*-Pentan gewaschen und im Vakuum getrocknet.

Ausbeute: 375 mg (57 %).

^{1}H-NMR (C$_6$D$_6$, 400 MHz): d = 0.24 (s, 18 H, SiMe$_3$), 2.05 (t, 1 H, P-CH-P, $^2J_{H-P}$ = 4.0 Hz), 7.09 – 7.16 (m, 12 H, Ph), 7.71 – 7.78 (m, 8 H, Ph) ppm.
^{31}P{^{1}H}-NMR (C$_6$D$_6$, 161 MHz): d = 26.1 ppm.
EI-MS (70 eV): *m/z* (%) = 658 ([*M*]$^+$, 43), 621 ([*M* - Cl]$^+$, 79), 567 ([*M*-NSiMe$_3$]$^+$, 31), 543 ([CH$_2$(PPh$_2$NSiMe$_3$)$_2$-Me]$^+$, 15), 471 ([CH$_2$(PPh$_2$)(PPh$_2$NSiMe$_3$)]$^+$, 91), 455 ([CH$_2$(PPh$_2$)(PPh$_2$NSiMe$_2$)]$^+$, 100).

4.2.2.2. *[{(Me$_3$SiNPPh$_2$)$_2$CH$_2$}ZnCl$_2$] (**4**)*

ZnCl$_2$ (61 mg, 0.45 mmol) und {(Me$_3$SiNPPh$_2$)$_2$CH$_2$} **1** (250 mg, 0.45 mmol) werden bei RT in 10 mL THF gelöst. Nach 5 min. bildet sich ein farbloser Niederschlag. Das Reaktionsgemisch wird weitere 5 min. gerührt und anschließend zum Rückfluss erhitzt. Man erhält einen farblosen kristallinen Feststoff, von dem das Lösungsmittel dekantiert wird. Das Produkt wird mit 5 mL *n*-Pentan gewaschen und im Vakuum getrocknet. Einkristalle für die Röntgenstrukturanalyse werden aus heißem Toluol erhalten.

Ausbeute: 295 mg (95 %).

^{1}H-NMR (d_8-THF, 300 MHz): d = 0.02 (s, 18 H, $SiMe_3$), 4.20 (t, 2 H, P-CH_2-P, $^2J_{H-P}$ = 13.3 Hz), 7.34 – 7.40 (m, 8 H, Ph), 7.45 – 7.50 (m, 4 H, Ph), 7.80 – 7.88 (m, 8 H, Ph) ppm.
^{31}P{^{1}H}-NMR (d_8-THF, 121 MHz): d = 24.5 ppm.
EI-MS (70 eV): *m/z* (%) = 658 ([*M*-HCl]$^+$, 32), 569 ([CH(PPh_2)(PPh_2NSiMe_3)ZnCl]$^+$, 18), 558 ([$CH_2(PPh_2NSiMe_3)_2$]$^+$, 9), 543 ([$CH_2(PPh_2NSiMe_3)_2$-Me]$^+$, 61), 471 ([$CH_2(PPh_2)(PPh_2NSiMe_3)$]$^+$, 100), 455 ([$CH_2(PPh_2)(PPh_2NSiMe_2)$]$^+$, 97).
$C_{31}H_{40}Cl_2N_2P_2Si_2Zn \cdot 3/2\ C_7H_8$ (695.10 + 138.21): ber. C 59.82, H 6.30, N 3.36; gef. C 59.26, H 6.68 N 3.74.

4.2.2.3. [{($Me_3SiNPPh_2)_2CH_2$}ZnI_2] (**5**)

ZnI_2 (142 mg, 0.45 mmol) und {$(Me_3SiNPPh_2)_2CH_2$} **1** (250 mg, 0.45 mmol) werden bei RT in 10 mL THF gelöst. Nach 5 min. bildet sich ein farbloser Niederschlag. Das Reaktionsgemisch wird weitere 5 min. gerührt und anschließend zum Rückfluss erhitzt. Man erhält farblose Kristalle, die für die Einkristallstrukturanalyse geeignet sind. Von diesen wird das Lösungsmittel dekantiert. Das Produkt wird mit 5 mL *n*-Pentan gewaschen und im Vakuum getrocknet.

Ausbeute: 361 mg (92 %).

^{1}H-NMR (d_8-THF, 400 MHz): d = 0.12 (s, 18 H, $SiMe_3$), 4.25 (t, 2 H, P-CH_2-P, $^2J_{H-P}$ = 13.4 Hz), 7.36 – 7.41 (m, 8 H, Ph), 7.48 – 7.53 (m, 4 H, Ph), 7.84 – 7.89 (m, 8 H, Ph) ppm.
^{31}P{^{1}H}-NMR (d_8-THF, 161 MHz): d = 23.2 ppm.
EI-MS (70 eV): *m/z* (%) = 748 ([*M*-HI]$^+$, 73), 661 ([CH(PPh_2)(PPh_2NSiMe_3)ZnI]$^+$, 25), 558 ([$CH_2(PPh_2NSiMe_3)_2$]$^+$, 71), 543 ([$CH_2(PPh_2NSiMe_3)_2$-Me]$^+$, 100), 471 ([$CH_2(PPh_2)(PPh_2NSiMe_3)$]$^+$, 66), 455 ([$CH_2(PPh_2)(PPh_2NSiMe_2)$]$^+$, 98).
$C_{31}H_{40}I_2N_2P_2Si_2Zn$ (878.00): ber. C 42.41, H 4.59, N 3.19; gef. C 42.41, H 4.64 N 3.01.

4.2.2.4. *[{($Me_3SiNPPh_2)_2CH$}(κ^1-BH_3)Zn(BH_4)]* (**8**)

Variante A:

Zu Zn(O-*i*-Pr)$_2$ (70 mg, 0.42 mmol) werden 5 mL THF gegeben. Die Suspension wird auf 0 °C abgekühlt und BH_3·THF (1.4 mL, 1 M in THF, 1.40 mmol) über eine Spritze zugetropft. Das Reaktionsgemisch wird für 2 h bei RT gerührt. Es wird wiederum auf 0 °C abgekühlt und [K{($Me_3SiNPPh_2)_2CH$}] **2** (250 mg, 0.42 mmol) in 5 mL THF zugegeben. Das Reaktionsgemisch wird für 16 h bei RT gerührt. Die flüchtigen Bestandteile werden im Vakuum entfernt, der Rückstand mit Toluol (1 x 10 mL) extrahiert und anschließend filtriert. Das Toluol wird im Vakuum abdestilliert, worauf man einen farblosen, kristallinen Feststoff erhält. Dieser wird mit 10 mL *n*-Pentan gewaschen und im Vakuum getrocknet. Einkristalle für die Röntgenstrukturanalyse werden durch langsame Diffusion von *n*-Pentan in eine THF-Lösung erhalten.

Ausbeute: 145 mg (54 %).

Variante B:

Zu einer Lösung von [{($Me_3SiNPPh_2)_2CH$}ZnN($SiMe_3)_2$] (250 mg, 0.32 mmol) in 10mL THF wird bei RT BH_3·THF (1.12 mL, 1 M in THF, 1.12 mmol) über eine Spritze zugetropft. Die farblose Lösung wird für 16 h bei RT gerührt. Die flüchtigen Bestandteile werden im Vakuum entfernt und der farblose Rückstand mit *n*-Pentan (1 x 10 mL) gewaschen. Farblose Kristalle können durch langsame Diffusion von *n*-Pentan in eine THF-Lösung erhalten werden.

Ausbeute: 147 mg (70 %).

^{1}H-NMR (d_8-THF, 300 MHz): d = 0.12 (s, 18 H, $SiMe_3$), 0.30 – 1.50 (br., 7 H, BH_3 + BH_4), 2.74 (m, 1 H, P-CH-P), 7.04 – 7.09 (m, 4 H, PPh), 7.21 – 7.27 (m, 2 H,PPh), 7.38 – 7.53 (m, 10 H, PPh), 7.76 – 7.84 (m, 4 H, PPh) ppm.
^{1}H{^{11}B}-NMR (d_8-THF, 300 MHz): d = 0.77 (s, 4 H, BH_4), 1.03 (dt, 3 H, BH_3, $^3J_{H-H}$ = 5.0 Hz, $^3J_{H-P}$ = 15.1 Hz), 2.74 (m, 1 H, P-CH-P, $^3J_{H-H}$ = 5.0 Hz) ,7.04 – 7.09 (m, 4 H,

PPh), 7.21 – 7.27 (m, 2 H,PPh), 7.38 – 7.53 (m, 10 H, PPh), 7.76 – 7.84 (m, 4 H, PPh) ppm.

$^{13}C\{^1H\}$-NMR (d_8-THF, 100 MHz): d = 4.6 (t, $SiMe_3$), 128.7 (t, PPh), 129.1 (t, PPh), 132.6 (m, PPh), 133.9 (m, PPh) ppm.

$^{31}P\{^1H\}$-NMR (d_8-THF, 121 MHz): d = 39.0 ppm.

^{11}B-NMR (d_8-THF, 96 MHz): d = -30.1 (br., BH_3,), -45.9 (quint., BH_4, $^1J_{B\text{-}H}$ = 80.1 Hz) ppm.

IR - ATR (cm^{-1}): 3053 (w), 2950 (w), 2414 (sh), 2393 (s), 2316 (m), 2299 (m), 2100 (sh), 2056 (m), 1437 (m),1263 (m), 1251 (m), 1117 (s), 1088 (m), 1070 (m), 835 (s), 741 (s), 688 (s), 501 (s).

EI - MS (70 eV): *m/z* (%) = 651 ($[M]^+$, 1), 636 ($[M]^+$-BH_3, 1), 622 ($[M]^+$-B_2H_6, 86), 569 ($[CH(PPh_2NSiMe_3)_2BH]^+$, 22), 558 ($[CH_2(PPh_2NSiMe_3)_2]^+$, 8), 543 ($[CH_2(PPh_2NSiMe_3)_2\text{-}Me]^+$, 43), 471 ($[CH_2(PPh_2)(PPh_2NSiMe_3)]^+$, 9), 455 ($[CH_2(PPh_2)(PPh_2NSiMe_2)]^+$, 16).

*4.2.2.5. [{(Me₃SiNPPh₂)₂CH}(κ¹-BH₃)ZnMe] (**9**)*

Zu einer Lösung von $[\{(Me_3SiNPPh_2)_2CH\}ZnMe]$ **6** (319 mg, 0.5 mmol) in 10 mL THF wird bei 0 °C $BH_3{\cdot}THF$ (0.5 mL, 1 M in THF, 0.5 mmol) über eine Spritze zugetropft. Das Reaktionsgemisch wird für 18 h bei RT gerührt. Die flüchtigen Bestandteile werden im Vakuum entfernt, der Rückstand mit Toluol (1 x 10 mL) extrahiert und anschließend filtriert. Das Toluol wird im Vakuum abdestilliert, worauf man einen farblosen Schaum erhält. Farblose Kristalle werden aus einer THF/*n*-Pentan-Lösung bei -30 °C erhalten, die für eine Röntgenstrukturanalyse geeignet jedoch nur von mäßiger Qualität sind.

Ausbeute: 128 mg (39 %).

^1H-NMR (d_8-THF, 300 MHz): d = -0.43 (s, 3 H, Zn-Me), 0.08 (s, 18 H, $SiMe_3$), 0.4 - 1.4 (br, 3 H, BH_3), 2.66 (m, 1 H, P-CH-P, $^3J_{H\text{-}H}$ = 5.0 Hz), 6.98 – 7.05 (m, 4 H, PPh), 7.15 – 7.22 (m, 2 H, PPh), 7.27 – 7.47 (m, 10 H, PPh), 7.75 – 7.82 (m, 4 H, PPh) ppm.

$^{1}H\{^{11}B\}$-NMR (d_8-THF, 300 MHz): d = -0.39 (s, 3 H, Zn-Me), 1.02 (dt, 3 H, BH_3, $^{3}J_{H\text{-}H}$ = 5.0 Hz, $^{3}J_{H\text{-}P}$ = 15.5 Hz), 2.70 (m, 1 H, P-CH-P, $^{3}J_{H\text{-}H}$ = 4.8 Hz), 6.98 – 7.05 (m, 4 H, PPh), 7.15 – 7.22 (m, 2 H, PPh), 7.27 – 7.47 (m, 10 H, PPh), 7.75 – 7.82 (m, 4 H, PPh) ppm.

$^{13}C\{^{1}H\}$-NMR (d_8-THF, 75 MHz): d = -6.8 (s, Zn-Me), 4.7 (t, $SiMe_3$), 128.5 (t, PPh), 128.9 (t, PPh), 132.1 (dd, PPh), 133.8 (m, PPh) ppm.

$^{31}P\{^{1}H\}$-NMR (d_8-THF, 121 MHz): d = 34.5 ppm.

^{11}B-NMR (d_8-THF, 128 MHz): d = -30.6 (br., BH_3) ppm.

IR - ATR (cm^{-1}): 3043 (w), 2960 (m), 2368 (sh), 2324 (m), 2100 (sh), 2079 (s), 1984 (m), 1433 (m), 1259 (m), 1244 (m), 1116 (s), 1085 (vs), 1016 (s), 827 (vs), 737 (s), 688 (vs), 501 (vs).

EI - MS (70 eV): *m/z* (%) = 651 ($[M]^+$, 5), 636 ($[M]^+$-BH_3, 6), 622 ($[M]^+$-BH_3-Me, 100), 569 ($[CH(PPh_2NSiMe_3)_2BH]^+$, 38), 558 ($[CH_2(PPh_2NSiMe_3)_2]^+$, 20), 543 ($[CH_2(PPh_2NSiMe_3)_2\text{-}Me]^+$, 100), 471 ($[CH_2(PPh_2)(PPh_2NSiMe_3)]^+$, 8), 455 ($[CH_2(PPh_2)(PPh_2NSiMe_2)]^+$, 17).

*4.2.2.6. [{(Me₃SiNPPh₂)₂CH}ZnPh] (**10**)*

$ZnPh_2$ (200 mg, 0.91 mmol) und $\{(Me_3SiNPPh_2)_2CH_2\}$ **1** (510 mg, 0.91 mmol) werden bei RT in 20 mL Toluol gelöst und das Reaktionsgemisch für 16 h gerührt. Die flüchtigen Bestandteile werden im Vakuum entfernt, worauf man einen farblosen Schaum erhält. Dieser wird mit 5 mL *n*-Pentan gewaschen, wobei sich farblose Kristalle bilden, die für die Einkristallstrukturanalyse geeignet sind.

Ausbeute: 480 mg (76 %).

^{1}H-NMR (C_6D_6, 400 MHz): d = 0.15 (s, 18 H, $SiMe_3$), 2.07 (t, 1 H, P-CH-P, $^{2}J_{H\text{-}P}$ = 3.5 Hz), 6.95 – 7.01 (m, 12 H, *o*-, *p*-PPh), 7.28 – 7.32 (m, 1 H, Zn-*o*-Ph), 7.44 – 7.48 (m, 2 H, Zn-*p*-Ph), 7.61 – 7.67 (m, 8 H, *m*-PPh), 8.13 – 8.15 (m, 2 H, Zn-*m*-Ph) ppm.

$^{13}C\{^{1}H\}$-NMR (C_6D_6, 100 MHz): d = 3.8 (t, $SiMe_3$), 29.2 (t, P-C-P, $^{1}J_{C\text{-}P}$ = 116.4 Hz), 126.5 (Zn-*o*-Ph), 127.6 (Zn-*p*-Ph), 128.1 (m, *o*-PPh), 130.5 (*p*-PPh), 131.7 (m, *m*-PPh), 137.5 (dd, *i*-PPh), 139.5 (Zn-*m*-Ph), 154.9 (Zn-*i*-Ph) ppm.

$^{31}P\{^{1}H\}$-NMR (C_6D_6, 161 MHz): d = 27.1 ppm.

IR - ATR (cm^{-1}): 3048 (m), 2946 (m), 1433 (m), 1267 (s), 1241 (m), 1178 (w), 1102 (m), 1060 (m), 956 (w), 828 (s), 741 (s), 693 (s), 497 (s).
EI - MS (70 eV): *m/z* (%) = 698 ([*M*]$^+$, 35), 621 ([*M*-Ph]$^+$, 80), 558 ([$CH_2(PPh_2NSiMe_3)_2$]$^+$, 88), 543 ([$CH_2(PPh_2NSiMe_3)_2$-Me]$^+$, 100), 455 ([$CH_2(PPh_2)(PPh_2NSiMe_2)$]$^+$, 48).
$C_{37}H_{44}N_2P_2Si_2Zn$ (700.29): ber. C 63.46, H 6.33, N 4.00; gef. C 62.77, H 6.27, N 3.70.

*4.2.2.7. [{($Me_3SiNPPh_2)_2$CH(p-Tol)N=C-N(p-Tol)}ZnPh] (**11**)*

Zu einer Suspension von Di(*p*-Tolyl)carbodiimin (65 mg, 0.28 mmol) in 5 mL Toluol wird [{($Me_3SiNPPh_2)_2$CH}ZnPh] **10** (200 mg, 0.28 mmol) in 5 mL Toluol bei RT zugetropft. Nach ca. 5 min. Rühren klärt sich die Suspension zu einer blassgelben Lösung. Nach 2 h Rühren bei RT wird das Reaktionsgemisch filtriert und auf ca. 4 mL eingeengt. Für eine Röntgenstrukturanalyse geeignete Einkristalle werden aus heißem Toluol erhalten. Von diesen wird das Lösungsmittel dekantiert und das Produkt in Form von blassgelben Kristallen im Vakuum getrocknet.

Ausbeute: 120 mg (46 %).

^{1}H-NMR (d_8-THF, 300 MHz): d = -0.16 (s, 18 H, $SiMe_3$), 2.13 (s, 3 H, N_{Amid}PhMe), 2.34 (s, 3 H, N_{Imid}PhMe), 4.40 (t, 1 H, P-CH-P, $^2J_{H-P}$ = 9.9 Hz), 6.55 (m, br, 2 H, Ph), 6.93 – 7.58 (m, 30 H, Ph), 8.02 (m, 4 H, Ph) ppm.
^{13}C{^{1}H}-NMR (d_8-THF, 75 MHz): d = 3.3 (t, $SiMe_3$), 19.8 (N_{Amid}PhMe), 20.3 (N_{Imid}PhMe), 44.2 (t, P-C-P, $^1J_{C-P}$ = 66.9 Hz), 121.6 (Ph), 124.2 (Ph), 125.4 (Ph), 126.4 (Ph), 127.8 – 128.7 (m, Ph), 132.2 – 133.5 (m, Ph), 141.2 (Ph), 147.3 (Ph), 158.2 (N=C-N) ppm.
^{31}P{^{1}H}-NMR (d_8-THF, 121 MHz): d = 24.8 ppm.
EI - MS (70 eV): *m/z* (%) = 922 ([*M*]$^+$, 2), 876 ([*M*-3 Me]$^+$, 2), 843 ([*M*-Ph]$^+$, 3), 698 ([*M*-DTC]$^+$, 54), 621 ([*M*-DTC-Ph]$^+$, 91), 558 ([$CH_2(PPh_2NSiMe_3)_2$]$^+$, 75), 543 ([$CH_2(PPh_2NSiMe_3)_2$-Me]$^+$, 95), 455 ([$CH_2(PPh_2)(PPh_2NSiMe_2)$]$^+$, 66), 222 ([DTC]$^+$, 93).
$C_{52}H_{58}N_4P_2Si_2Zn$ (922.57): ber. C 67.70, H 6.34, N 6.07; gef. C 68.08, H 6.17 N 5.96.

4.2.2.8. *[{(Me$_3$SiNPPh$_2$)$_2$CH(Ph$_2$C=C-O)}ZnPh]* (**12**)

Zu einer Lösung von [{(Me$_3$SiNPPh$_2$)$_2$CH}ZnPh] **10** (140 mg, 0.2 mmol) in 5 mL Toluol wird bei RT eine Lösung von Ph$_2$C=C=O (39 mg, 0.2 mmol) in 1 mL Toluol gegeben. Die gelbe Lösung wird für 4 h bei RT gerührt und anschließend filtriert. Die Lösung wird auf ca. 3 mL eingeengt und aus heißem Toluol Umkristallisiert. Von diesen wird das Lösungsmittel dekantiert und das Produkt im Vakuum getrocknet. Einkristalle für eine Röntgenstrukturanalyse konnten aus der NMR-Probe in d$_8$-THF gewonnen werden.

Ausbeute: 76 mg (42 %).

^{1}H-NMR (d$_8$-THF, 300 MHz): d = -0.17 (s, 18 H, SiMe$_3$), 3.64 (t, 1 H, P-CH-P, $^2J_{H-P}$ = 8.9 Hz), 6.91 (t, 2 H, Ph), 7.03 – 7.34 (m, 22 H, Ph), 7.44 – 7.49 (m, 2 H, Ph), 7.82 – 7.95 (m, 6 H, Ph), 8.17 – 8.20 (m, 2 H, Ph) ppm.
^{13}C{^{1}H}-NMR (d$_8$-THF, 75 MHz): d = 4.1 (t, SiMe$_3$), 47.8 (t, P-C-P, $^1J_{C-P}$ = 66.9 Hz), 114.9 (t, CPh$_2$), 123.1 (Ph), 125.8 (Ph), 126.6 (Ph), 127.5 (Ph), 128.1 – 129.5 (m, Ph), 132.8 – 135.0 (m, Ph), 141.0 (Ph), 143.7 (Ph), 145.6 (Ph), 154.1 (Ph), 160.0 (t, C-O) ppm.
^{31}P{^{1}H}-NMR (d$_8$-THF, 121 MHz): d = 25.3 ppm.
EI - MS (70 eV): *m/z* (%) = 892 ([*M*]$^+$, 6), 647 ([*M*-DPK-C$_4$H$_4$]$^+$, 100), 621 ([*M*-DPK-Ph]$^+$, 51), 558 ([CH$_2$(PPh$_2$NSiMe$_3$)$_2$]$^+$, 92), 543 ([CH$_2$(PPh$_2$NSiMe$_3$)$_2$-Me]$^+$, 100), 455 ([CH$_2$(PPh$_2$)(PPh$_2$NSiMe$_2$)]$^+$, 100), 193 ([DPK]$^+$, 88).
$C_{51}H_{54}N_2OP_2Si_2Zn$ (894.52): ber. C 68.48, H 6.08, N 3.13; gef. C 67.84, H 6.23, N 2.74.

4.2.2.9. *[{(i-Pr)$_2$ATI}ZnCl]$_2$* (**14**)

Zu einer Lösung von EtZnCl (318 mg, 2.45 mmol) in 10 mL Toluol wird bei RT H{(*i*-Pr)$_2$ATI} **13** (500 mg, 2.45 mmol) in 10 mL Toluol zugetropft. Es tritt heftige Gasentwicklung auf. Nach erfolgter Zugabe färbt sich die gelbe Lösung orange, worauf sich ein gelber feinkristalliner Niederschlag bildet. Nach 30 min. Rühren bei RT wird das Lösungsmittel im Vakuum entfernt. Anschließend wird das Produkt mit

10 mL *n*-Pentan gewaschen und im Vakuum getrocknet. Für die Röntgenstrukturanalyse geeignete Einkristalle werden aus heißem Toluol erhalten.

Ausbeute: 627 mg (84 %).

^{1}H-NMR (d_8-THF, 300 MHz): d = 1.29 (d, 12 H, (*Me*)$_2$CH, $^3J_{H\text{-}H}$ = 6.2 Hz), 4.00 (sept., 2H, (Me)$_2$C*H*, $^3J_{H\text{-}H}$ = 6.2 Hz), 6.20 (t, 1H, H_{Ring}, $^3J_{H\text{-}H}$ = 9.1 Hz), 6.61 (d, 2H, H_{Ring}, $^3J_{H\text{-}H}$ = 11.7 Hz), 6.96 (dd, 2H, H_{Ring}, $^3J_{H\text{-}H}$ = 9.4 Hz, $^3J_{H\text{-}H}$ = 10.4 Hz) ppm.
^{13}C{^{1}H}-NMR (d_8-THF, 75 MHz): d = 24.2 ((*Me*)$_2$CH), 49.2 ((Me)$_2$*C*H), 112.2 (C_{Ring}), 117.3 (C_{Ring}), 135.5 (C_{Ring}), 160.6 (C_{Ring}) ppm.
EI-MS (70 eV): *m/z* (%) = 302 ([*M*/2]$^+$, 11), 287 ([*M*/2-Me]$^+$, 26), 204 ([(*i*-Pr)$_2$ATI]$^+$, 5), 190 ([(*i*-Pr)$_2$ATI-Me]$^+$, 7), 176 ([(*i*-Pr)$_2$ATI-2 Me]$^+$, 62), 148 ([(*i*-Pr)$_2$ATI-*i*-Pr-N]$^+$, 100).
$C_{26}H_{38}Cl_2N_4Zn_2$ (608,34): ber. C 51.33, H 6.30, N 9.21; gef. C 51.80, H 6.33, N 8.99.

4.3. Kristallstrukturuntersuchungen

4.3.1. Datensammlung und Verfeinerung

Die Bestimmung der Reflexlagen und –Intensitäten erfolgte in der vorliegenden Arbeit mit Hilfe eines *STOE IPDS 2T*. Es arbeitet mit einer Mo-Anode (Mo-K_{α}-Strahlung; λ = 0.71073 Å) und nachgeschaltetem Graphitmonochromator. Die zu messenden Kristalle wurden mit Hilfe eines Polarisationsmikroskops unter Mineralöl ausgesucht und mit etwas Öl in einem kalten Stickstoffstrom an einem Glasfaden auf dem Goniometerkopf befestigt.

Die Strukturanalysen gliedern sich in folgende Schritte:

1. Bestimmung der Orientierungsmatrix und der Gitterkonstanten anhand der Orientierungsparameter.
   a. von 25 – 30 Reflexen mit 10° < 2θ < 25°
   b. von 500 – 1000 Reflexen im gesamten Messbereich aus mehreren Aufnahmen.

2. Bestimmung der Reflexintensitäten.
   a. in ω- oder $2\theta/\omega$-Abtastmodus
   b. durch Anpassen der Integrationsbedingungen an das gemittelte Reflexprofil und anschließendes Auslesen aller Aufnahmen.

3. Datenreduktion und Korrekturen.
   a. Skalierung der Rohdaten anhand dreier Standardreflexe; empirische Absorptionskorrektur
   b. Lorentz- und Polarisationsfaktorkorrektur.

4. Die Strukturbestimmung wurde mit den Programmen *SHELXS*,[67] *SHELXL*,[68] *WinGX32*[69] und *X-STEP32*[70] auf einem *Intel Centrino Duo* PC durchgeführt. Die Lösung der Kristallstrukturen erfolgte mittels direkter oder Patterson Methoden und anschließenden Differenzfouriersynthesen; Optimierung der

Atomparameter durch Verfeinerung nach der Methode der kleinsten Fehlerquadrate gegen F_0^2 für die gesamte Matrix.

5. Zur Erstellung von Molekülbildern wurde das Programm *Diamond 3.2c* verwendet.[71]

Die kristallographischen Daten der bereits publizierten Strukturen wurden an das Cambridge Crystallographic Data Centre übermittelt. Kopien können bei Anfrage an CCDC, 12 Union Road, Cambridge CB21EZ, UK unter Angabe der jeweiligen CCDC-Nummer kostenfrei erhalten werden.

4.3.2. Daten zu den Kristallstrukturanalysen

*4.3.2.1. Kristallstruktur von [{$CH_2(PPh_2NSiMe_3)_2$}$ZnCl_2$] (**4**)*

Summenformel (Einheit)	$C_{83}H_{104}Cl_4N_4P_4Si_4Zn_2$
Molare Masse [g/mol]	1666.6
Raumgruppe	*P*-1 (Nr. 2)
Gitterkonstanten a, b, c [Å]	12.611(3), 16.684(3), 21.485(4)
Winkel α, β, γ [°]	84.62(3), 82.56(3), 76.75(3)
Zellvolumen [$Å^3$]	4353.5(15)
Z	6
Röntgenographische Dichte [g/cm^3]	3.81
Messtemperatur [K]	203(2)
Absorptionskorrektur	Integration
Absorptionskoeffizient [mm^{-1}]	2.54
Gemessene Reflexe	36672
Unabhängige Reflexe	18061 [R_{int} = 0.0977]
Daten/Parameter	18061/910
GooF	1.117
*R*1; *wR*2	0.0573; 0.1509

*4.3.2.2. Kristallstruktur von [{$CH_2(PPh_2NSiMe_3)_2$}ZnI_2] (**5**)*

Summenformel (Einheit)	$C_{39}H_{56}I_2N_2O_2P_2Si_2Zn_2$
Molare Masse [g/mol]	1022.2
Raumgruppe	$P2_1/n$ (Nr. 14)
Gitterkonstanten a, b, c [Å]	11.523(2), 22.951(5), 16.995(3)
Winkel α, β, γ [°]	91.95(3)
Zellvolumen [Å^3]	4491.9(16)
Z	4
Röntgenographische Dichte [g/cm^3]	1.51
Messtemperatur [K]	203(2)
Absorptionskorrektur	Integration
Absorptionskoeffizient [mm^{-1}]	2.08
Gemessene Reflexe	16759
Unabhängige Reflexe	8149 [R_{int} = 0.0600]
Daten/Parameter	8149/451
GooF	0.899
*R*1; *wR*2	0.0462; 0.1135

4.3.2.3. *Kristallstruktur von [{(Me$_3$SiNPPh$_2$)$_2$CH}(κ^1-BH$_3$)Zn(BH$_4$)]* (**8**)

Summenformel (Einheit)	$C_{31}H_{46}B_2N_2P_2Si_2Zn$
Molare Masse [g/mol]	651.9
Raumgruppe	$P2_1/c$ (Nr. 14)
Gitterkonstanten a, b, c [Å]	19.947(4), 10.481(2), 17.950(4)
Winkel α, β, γ [°]	111.01(3)
Zellvolumen [Å^3]	3503.1(12)
Z	4
Röntgenographische Dichte [g/cm^3]	1.236
Messtemperatur [K]	203(2)
Absorptionskorrektur	keine
Absorptionskoeffizient [mm^{-1}]	0.884
Gemessene Reflexe	21362
Unabhängige Reflexe	7291 [R_{int} = 0.0600]
Daten/Parameter	7291/545
GooF	1.034
*R*1; *wR*2	0.0350; 0.0811

4.3.2.4. Kristallstruktur von [{(Me$_3$SiNPPh$_2$)$_2$CH}(κ^1-BH$_3$)ZnMe] (**9**)

Summenformel (Einheit)	$C_{36}H_{53}BN_2OP_2Si_2Zn$
Molare Masse [g/mol]	724.16
Raumgruppe	$P2_1/c$ (Nr. 14)
Gitterkonstanten a, b, c [Å]	12.286(3), 12.615(3), 25.573(5)
Winkel α, β, γ [°]	99.15(3)
Zellvolumen [Å³]	3912.9(14)
Z	4
Röntgenographische Dichte [g/cm³]	1.229
Messtemperatur [K]	203(2)
Absorptionskorrektur	Integration
Absorptionskoeffizient [mm^{-1}]	0.800
Gemessene Reflexe	29710
Unabhängige Reflexe	8259 [R_{int} = 0.2840]
Daten/Parameter	8259/425
GooF	0.996
*R*1; *wR*2	0.1087; 0.1273

*4.3.2.5. Kristallstruktur von [{($Me_3SiNPPh_2)_2CH$}ZnPh] (**10**)*

Summenformel (Einheit)	$C_{37}H_{44}N_2P_2Si_2Zn$
Molare Masse [g/mol]	700.23
Raumgruppe	*P*2_1/n (Nr. 14)
Gitterkonstanten a, b, c [Å]	10.286(2), 16.726(3), 22.270(5)
Winkel α, β, γ [°]	101.73(3)
Zellvolumen [$Å^3$]	3751.1(13)
Z	4
Röntgenographische Dichte [g/cm^3]	1.161
Messtemperatur [K]	203(2)
Absorptionskorrektur	Integration
Absorptionskoeffizient [mm^{-1}]	0.831
Gemessene Reflexe	30061
Unabhängige Reflexe	8939 [R_{int} = 0.0374]
Daten/Parameter	8939/573
GooF	1.024
*R*1; *wR*2	0.0333; 0.0890

*4.3.2.6. Kristallstruktur von [{($Me_3SiNPPh_2$)$_2$CH(p-Tol)N=C-N(p-Tol)}ZnPh] (**11**)*

Summenformel (Einheit)	$C_{52}H_{59}N_4P_2Si_2Zn$
Molare Masse [g/mol]	922.55
Raumgruppe	$P2_1/c$ (Nr. 14)
Gitterkonstanten a, b, c [Å]	11.032(2), 19.711(4), 22.993(5)
Winkel α, β, γ [°]	101.71(3)
Zellvolumen [$Å^3$]	4895.9(17)
Z	4
Röntgenographische Dichte [g/cm^3]	1.252
Messtemperatur [K]	203(2)
Absorptionskorrektur	Integration
Absorptionskoeffizient [mm^{-1}]	0.655
Gemessene Reflexe	37500
Unabhängige Reflexe	10377 [R_{int} = 0.0638]
Daten/Parameter	10377/558
GooF	1.015
*R*1; *wR*2	0.0510; 0.0945

4.3.2.7. Kristallstruktur von [{($Me_3SiNPPh_2)_2CH(Ph_2C$=C-O)}ZnPh] (**12**)

Summenformel (Einheit)	$C_{55}H_{62}N_2O_2P_2Si_2Zn$
Molare Masse [g/mol]	966.56
Raumgruppe	$P2_1/c$ (Nr. 14)
Gitterkonstanten a, b, c [Å]	10.987(2), 21.913(4), 21.031(4)
Winkel α, β, γ [°]	98.72(3)
Zellvolumen [$Å^3$]	5004.9(17)
Z	4
Röntgenographische Dichte [g/cm^3]	1.283
Messtemperatur [K]	203(2)
Absorptionskorrektur	keine
Absorptionskoeffizient [mm^{-1}]	0.645
Gemessene Reflexe	49953
Unabhängige Reflexe	10625 [R_{int} = 0.1287]
Daten/Parameter	10625/558
GooF	1.043
*R*1; *wR*2	0.0600; 0.1661

4.3.2.8. *Kristallstruktur von [{(i-Pr)$_2$ATI}ZnCl]$_2$ (**14**)*

Summenformel (Einheit)	$C_{26}H_{38}Cl_2N_4Zn_2$
Molare Masse [g/mol]	608.28
Raumgruppe	*Pbca* (No. 61)
Gitterkonstanten a, b, c [Å]	13.814(3), 8.9842(18), 22.535(5)
Winkel α, β, γ [°]	
Zellvolumen [Å^3]	2796.7(10)
Z	4
Röntgenographische Dichte [g/cm^3]	1.445
Messtemperatur [K]	203(2)
Absorptionskorrektur	keine
Absorptionskoeffizient [mm^{-1}]	1.928
Gemessene Reflexe	17481
Unabhängige Reflexe	2976 [R_{int} = 0.0377]
Daten/Parameter	2976/158
GooF	1.104
*R*1; *wR*2	0.0459; 0.0817

5. Zusammenfassung

5.1. Zusammenfassung

Zinkkomplexe mit Stickstoffdonorliganden zeigen zum Teil hohe Aktivitäten als *single-site*-Katalysatoren in Polymerisationsreaktionen (z.B. [(BDI)ZnOAc]) oder der homogenen Hydroamminierungskatalyse (z.B. [{(*i*-Pr)$_2$ATI}ZnMe]).

Für die Synthese neuer, katalytisch aktiver Stickstoffdonorkomplexe des Zinks erschien die Verwendung des Bis(phosphinimino)methanid-Liganden ({(Me$_3$SiNPPh$_2$)$_2$CH}$^-$) als vielversprechend. Über eine Salzmetathesereaktion zwischen dem Kaliumsalz [K{(Me$_3$SiNPPh$_2$)$_2$CH}] (**2**) und wasserfreiem Zinkdichlorid ($ZnCl_2$) sollte der heteroleptische Komplex [{(Me$_3$SiNPPh$_2$)$_2$CH}ZnCl]$_2$ (**3**) als Startverbindung für die Synthese von potentiellen Katalysatoren dargestellt werden. Der Komplex **3** erwies sich bei Normalbedingungen als mäßig stabil, konnte jedoch über die Reaktion des Neutralliganden [{(Me$_3$SiNPPh$_2$)$_2$CH$_2$}] (**1**) mit Ethylzinkchlorid (EtZnCl) isoliert und NMR-spektroskopisch sowie massenspektrometrisch charakterisiert werden. **3** reagiert unter Zersetzung zu [{(Me$_3$SiNPPh$_2$)$_2$CH$_2$}ZnCl$_2$] (**4**), das rational über die Reaktion von $ZnCl_2$ mit **1** dargestellt werden konnte. Die Reaktion von wasserfreiem Zinkdiiodid (ZnI_2) mit **2** führte ebenfalls zu der Isolierung des Zersetzungsprodukts [{(Me$_3$SiNPPh$_2$)$_2$CH$_2$}ZnI$_2$] (**5**), welches analog zu **4** aus **1** und ZnI_2 dargestellt werden konnte. Zudem wurde versucht in der bekannten Verbindung [{(Me$_3$SiNPPh$_2$)$_2$CH}ZnMe] (**6**) die Zink-Methylgruppe durch ein Halogenid zu substituieren. Dazu wurde **6** mit NMe$_3$HCl und I_2 als Halogenidquellen umgesetzt. Aus diesen Ansätzen konnten ebenfalls nur **4** und **5** isoliert werden (Schema 1).

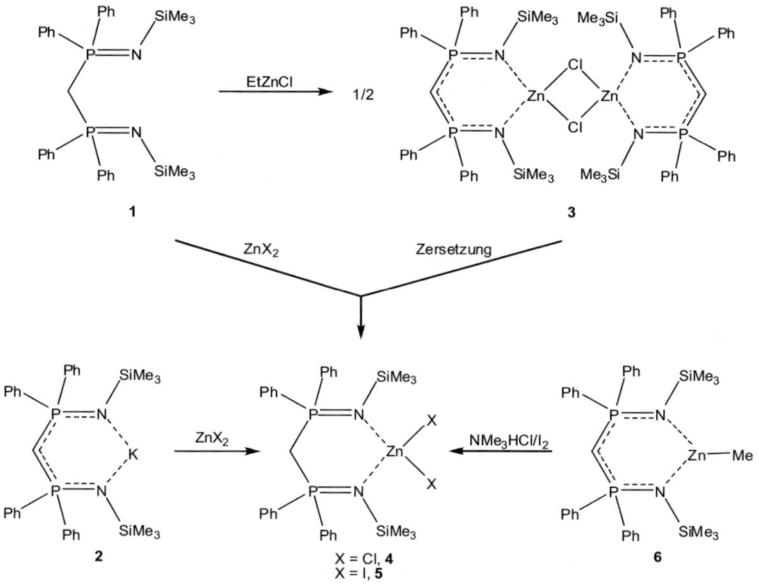

Schema 1: $\{(Me_3SiNPPh_2)_2CH_2\}$-Halogenid-Komplexe des Zinks.

Anstelle der Zinkdihalogenide wurde der Einsatz von $[Zn(BH_4)_2(THF)_2]$ (**7**) für die Reaktion mit dem Kaliumsalz **2** erwogen, um einen heteroleptischen Komplex der Form $[\{(Me_3SiNPPh_2)_2CH\}Zn(BH_4)]$ zu erhalten. Die Verbindung **7** konnte jedoch nicht als Reinsubstanz isoliert werden, weshalb eine *in situ* Synthese von **7** aus Zinkdiisopropylat ($Zn(O\text{-}i\text{-}Pr)_2$) mit $BH_3{\cdot}THF$ und anschließender Reaktion mit **2** durchgeführt wurde. Aus dieser Umsetzung wurde der Komplex $[\{(Me_3SiNPPh_2)_2CH\}(\kappa^1\text{-}BH_3)Zn(BH_4)]$ (**8**) erhalten, in welchem ein Boranmolekül (BH_3) an das Metallzentrum und Ligandenrückgrat verbrückend koordiniert. Die Reaktion der bekannten Komplexverbindung $[\{(Me_3SiNPPh_2)_2CH\}ZnN(SiMe_3)_2]$ mit $BH_3{\cdot}THF$ führt wiederum zur Bildung von **8**, während die Umsetzung von $[\{(Me_3SiNPPh_2)_2CH\}ZnMe]$ (**6**) den Komplex $[\{(Me_3SiNPPh_2)_2CH\}(\kappa^1\text{-}BH_3)ZnMe]$ (**9**) liefert. Eine gezielte Darstellung der Boranaddukte **8** und **9** konnte auf diesem Wege durchgeführt werden (Schema 2).

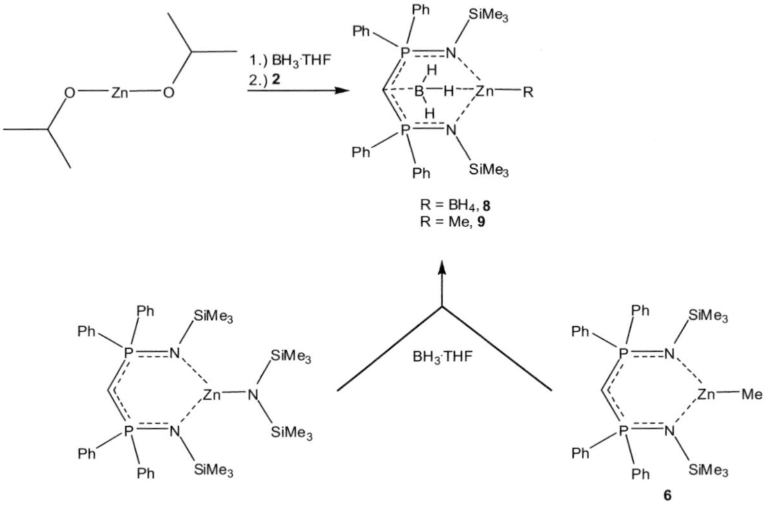

Schema 2: $\{(Me_3SiNPPh_2)_2CH\}^-$-Boran-Komplexe des Zinks.

Die Komplexe **8** und **9** wurden mittels spektroskopischer Methoden und Röntgenstrukturanalyse charakterisiert. Die in **6**, **8** und **9** vorliegenden Bindungsverhältnisse wurden in Kooperation mit *Dr. R. Köppe* anhand von DFT-Rechnungen untersucht, um dieses neuartige Koordinationsmotiv genauer zu verstehen.

Über eine Protolysereaktion zwischen Diphenylzink ($ZnPh_2$) und dem Neutralliganden **1** konnte der Komplex $[\{(Me_3SiNPPh_2)_2CH\}ZnPh]$ (**10**) dargestellt werden. **10** wurde in Kooperation mit *A. Lühl* auf seine Eignung als Hydroaminierungskatalysator untersucht, erwies sich aber als inaktiv.

Bei der Umsetzung von **10** mit Di(*p*-tolyl)carbodiimin (DTC) erfolgte anstelle der erwarteten Reaktion der Zink-Phenylgruppe zum Benzamidinat ein elektrophiler Angriff auf das Brückenkohlenstoffatom des ($\{(Me_3SiNPPh_2)_2CH\}^-$)-Liganden. Es wurde der Komplex $[\{(Me_3SiNPPh_2)_2CH(p\text{-Tol})N{=}C\text{-}N(p\text{-Tol})\}ZnPh]$ (**11**) erhalten, in welchem ein tripodaler (P,N)-N-(P,N)-Ligand vorliegt. Die Reaktion von **10** mit Diphenylketen führte ebenfalls zu einer Addition an das Ligandengerüst, wodurch der Komplex $[\{(Me_3SiNPPh_2)_2CH(Ph_2C{=}C\text{-}O)\}ZnPh]$ (**12**) mit tripodalem (P,N)-O-(P,N)-Liganden erhalten wurde. Die Verbindungen **10**, **11** und **12** konnten spektroskopisch und mittels Röntgenstrukturanalyse charakterisiert werden (Schema 3).

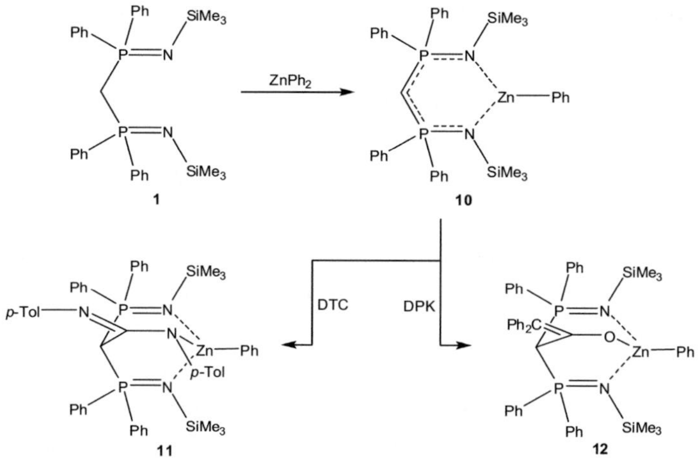

Schema 3: Der Komplex [{($Me_3SiNPPh_2)_2CH$}ZnPh] und Derivate.

Außerdem konnte durch die Reaktion von EtZnCl mit dem neutralen Liganden [H{(*i*-Pr)$_2$ATI}] (**13**) der Komplex [{(*i*-Pr)$_2$ATI}ZnCl]$_2$ (**14**) dargestellt werden, dessen Synthese über eine Salzmetathese bislang erfolglos blieb (Schema 3).

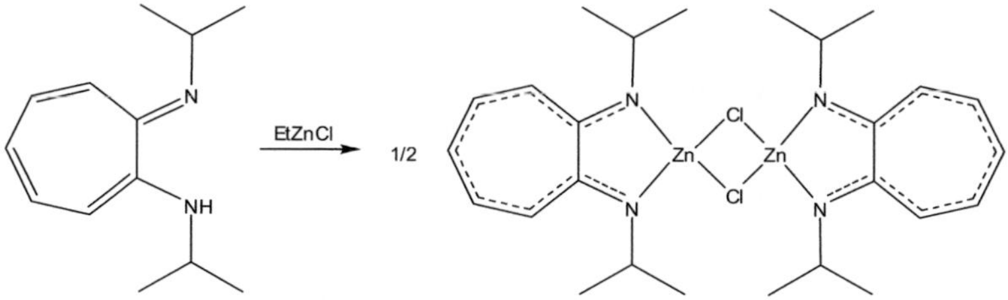

Schema 3: Synthese von [{(*i*-Pr)$_2$ATI}ZnCl]$_2$.

Ausgehend von **14** sowie den bekannten Komplexen [{(*i*-Pr)$_2$ATI}ZnMe] und [{(*i*-Pr)$_2$ATI}ZnN($SiMe_3)_2$] wurde versucht den Boranat-Komplex [{(*i*-Pr)$_2$ATI}Zn(BH_4)] darzustellen. Diese Versuche scheiterten jedoch an der für Zinkboranat-Komplexe häufig beobachteten Instabilität.

5.2. Summary

To some extent Zinc compounds bearing nitrogen donating ligands show high activities as *single-site*-catalysts in polymerisation reactions (e.g. [(BDI)ZnOAc]) and homogenous hydroamination reactions (e.g. [{(*i*-Pr)$_2$ATI}ZnMe]).

Thus the nitrogen donor ligand ({(Me$_3$SiNPPh$_2$)$_2$CH}$^-$) appeared to be promising for the syntheses of new zinc based complexes being active in various catalytic transformations.
Via salt metathesis mediated by the potassium salt [K{(Me$_3$SiNPPh$_2$)$_2$CH}] (**2**) with anhydrous zinc dichloride ($ZnCl_2$) the synthesis of complex [{(Me$_3$SiNPPh$_2$)$_2$CH}ZnCl]$_2$ (**3**) as starting compound should be performed. **3** turned out to be moderately stable at normal conditions but could be obtained from the reaction of neutral ligand [{(Me$_3$SiNPPh$_2$)$_2$CH$_2$}] (**1**) with ethylzincchloride (EtZnCl). However, compound **3** decomposes into [{(Me$_3$SiNPPh$_2$)$_2$CH$_2$}ZnCl$_2$] (**4**), which could be prepared from $ZnCl_2$ and **1** directly. In a similar fashion, reaction of anhydrous zinc diiodide (ZnI_2) and **2** led to the formation of [{(Me$_3$SiNPPh$_2$)$_2$CH$_2$}ZnI$_2$] (**5**), which is accessible from ZnI_2 and **1** systematically. In another effort the substitution of the zinc-methyl group in the known compound [{(Me$_3$SiNPPh$_2$)$_2$CH}ZnMe] (**6**) was intended. Again, **4** and **5** were yielded by reaction of **6** with NMe$_3$HCl und I_2 as halide sources, respectively (scheme 1).

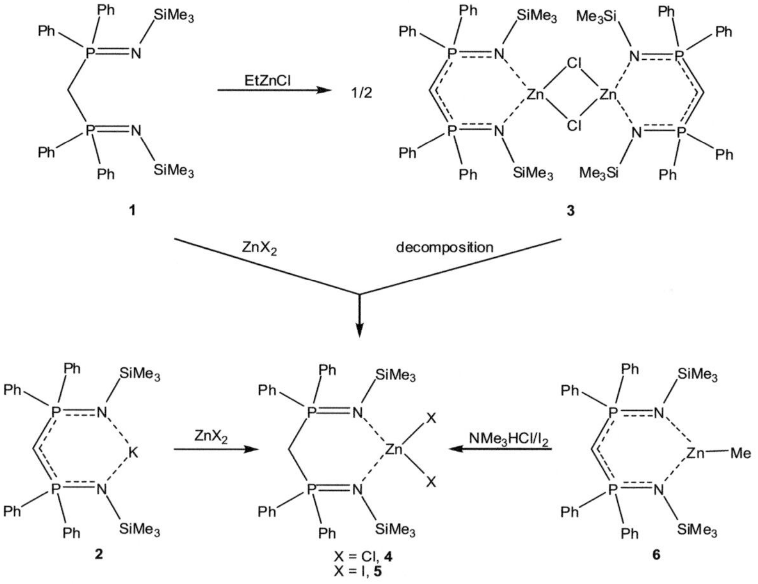

Scheme 1: {$(Me_3SiNPPh_2)_2CH_2$}-halide-complexes of zinc.

Replacement of zinc dihalides by [$Zn(BH_4)_2(THF)_2$] (**7**) for reaction with **2** was considered to get access to [{$(Me_3SiNPPh_2)_2CH$}$Zn(BH_4)$]. Due to its modest stability **7** was generated *in situ* from zinc diisopropoxide (Zn(O-*i*-$Pr)_2$) and $BH_3{\cdot}THF$ followed by a subsequent reaction with potassium salt **2**. Surprisingly, compound [{$(Me_3SiNPPh_2)_2CH$}(κ^1-BH_3)$Zn(BH_4)$] (**8**) was obtained by this reaction. **8** contains a borane moiety, which coordinates to the metal center and the ligand backbone in a bridging fashion. Via reaction of the known compound [{$(Me_3SiNPPh_2)_2CH$}$ZnN(SiMe_3)_2$] with $BH_3{\cdot}THF$ **8** was obtained again, whereas the reaction of [{$(Me_3SiNPPh_2)_2CH$}ZnMe] (**6**) led to the formation of [{$(Me_3SiNPPh_2)_2CH$}(κ^1-BH_3)ZnMe] (**9**). In summary, a systematically approach to compounds **8** and **9** could be established (scheme 2).

Ph SiMe3 Ph P N H B H Zn R H P N Ph Ph SiMe3

O—Zn—O 1.) BH3·THF 2.) 2

R = BH4, **8**
R = Me, **9**

BH3·THF

6

Scheme 2: $\{(Me_3SiNPPh_2)_2CH\}^-$-borane-complexes of zinc.

8 and **9** were characterized via spectroscopic methods and single crystal x-ray analyses. Additionally DFT calculations were carried out for **6**, **8** and **9** in cooperation with *Dr. R. Köppe* to get insight into the bonding situation of the hitherto unknown coordination motif.

Compound $[\{(Me_3SiNPPh_2)_2CH\}ZnPh]$ (**10**) was prepared via protolysis reaction of diphenylzinc ($ZnPh_2$) and neutral ligand **1**. In cooperation with *A. Lühl* the catalytic properties of **10** were examined for the hydroamination reaction but appeared to be inactive.

In anticipation to yield a heteroleptic benzamindinate complex, **10** was reacted with di(*p*-tolyl)carbodiimine. An electrophilic attack on the ($\{(Me_3SiNPPh_2)_2CH\}^-$)-ligand backbone instead of the zinc-phenyl group was observed. Compound $[\{(Me_3SiNPPh_2)_2CH(p\text{-Tol})N{=}C\text{-}N(p\text{-Tol})\}ZnPh]$ (**11**), which contains a tripodal (P,N)-N-(P,N) ligand, was obtained. Diphenylketene (DPK) reacted in a similar fashion and $[\{(Me_3SiNPPh_2)_2CH(Ph_2C{=}C\text{-}O)\}ZnPh]$ (**12**), which contains a tripodal (P,N)-O-(P,N) ligand, could be isolated (scheme 2).

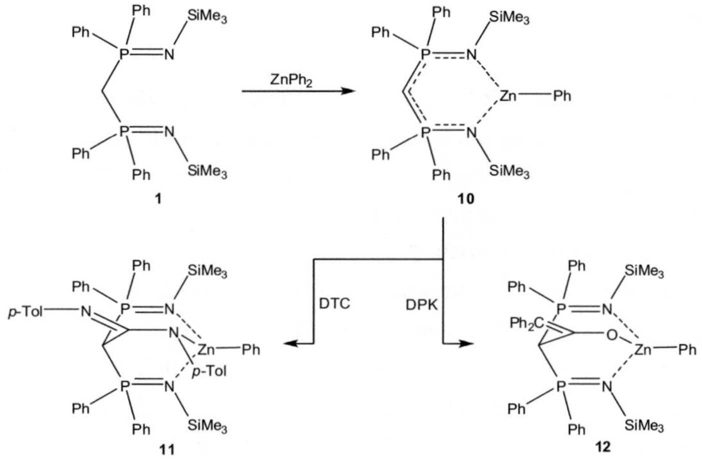

Scheme 2: Complex [{($Me_3SiNPPh_2$)$_2$CH}ZnPh] and derivatives.

Moreover [{(*i*-Pr)$_2$ATI}ZnCl]$_2$ (**14**) was synthesized by the reaction of EtZnCl with [H{(*i*-Pr)$_2$ATI}] (**13**). Attempts to prepare **14** via salt metathesis did not succeed yet (scheme 3).

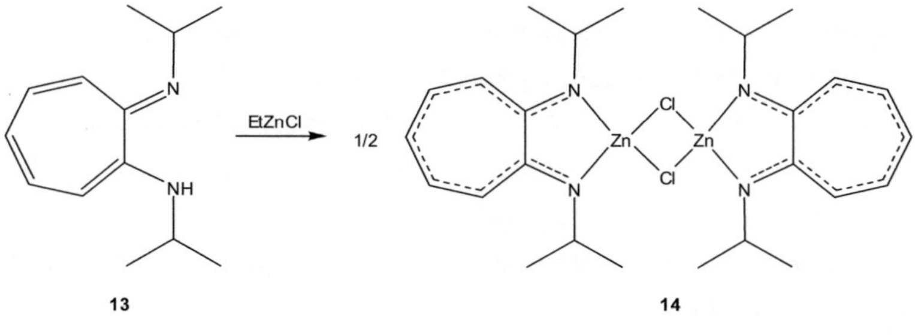

Scheme 3: Synthesis of [{(*i*-Pr)$_2$ATI}ZnCl]$_2$.

Preparation of [{(*i*-Pr)$_2$ATI}Zn(BH_4)] by the reaction of **14** and $NaBH_4$ was not successful. The reaction of the known compounds [{(*i*-Pr)$_2$ATI}ZnMe] and [{(*i*-Pr)$_2$ATI}ZnN($SiMe_3$)$_2$] and BH_3·THF, respectively, was not successful, as well due to the modest stability observed for zinc boranate compounds, often.

6. Literatur

[1] E. Riedel *Anorganische Chemie*, 4. Auflage, Berlin, De Gruyter, **1999**.

[2] F. A. Cotton, G. Wilkinson *Anorganische Chemie: eine zusammenfassende Darstellung für Fortgeschrittene*, 4. Auflage, Weinheim, Verlag Chemie, **1982**.

[3] Review: H. Vahrenkamp *Dalton Trans.* **2007**, 4751.

[4] E. Frankland *Liebigs Ann.* **1849**, *71*, 171.

[5] S. Cai, D. M. Hoffman, D. A. Wierda *Organometallics* **1996**, *15*, 1023.

[6] J. Boersma, J. G. Noltes *Tetrahedron Lett.* **1966**, *14*, 1521.

[7] J. M. Bruce, B. C. Cutsforth, D. W. Farren, F. G. Hutchinson, F. M. Rabagliati, D. R. Reed *J. Chem. Soc. (B)* **1966**, 1020.

[8] M. Cheng, E. B. Lobkovsky, G. W. Coates *J. Am. Chem. Soc.* **1998**, *120*, 11018.

[9] B. M. Chamberlain, M. Cheng, D. R. Moore, T. M. Ovitt, E. B. Lobkovsky, G. W. Coates *J. Am. Chem. Soc.* **2001**, *123*, 3229.

[10] M. Cheng, D. R. Moore, J. J. Reczek, B. M. Chamberlain, E. B. Lobkovsky, G. W. Coates *J. Am. Chem. Soc.* **2001**, *123*, 8738.

[11] M. H. Chisholm, J. Gallucci, K. Phomphrai *Inorg. Chem.* **2002**, *41*, 2785.

[12] J. Prust, H. Hohmeister, A. Stasch, H. W. Roesky, J. Magull, E. Alexopoulos, I. Usón, H. G. Schmidt, M. Noltemeyer *Eur. J. Inorg. Chem.* **2002**, 2156.

[13] A. Kasani, R. McDonald, R. G. Cavell *Organometallics* **1999**, *18*, 3775.

[14] M. S. Hill, P. B. Hitchcock *Dalton Trans.* **2002**, 4694.

[15] T. Bollwein, M. Westerhausen, A. Pfitzner *Z. Naturforsch.* **2003**, *58b*, 493.

[16] A. Zulys, M. Dochnahl, D. Hollman, K. Löhnwitz, J.-S. Herrmann, P. W. Roesky, S. Blechert *Angew. Chem. Int. Ed.* **2005**, *47*, 7794.

[17] M. Dochnahl, J.-W. Pissarek, S. Blechert, K. Löhnwitz, P. W. Roesky *Chem. Commun.* **2006**, 3405.

[18] K. Löhnwitz *Dissertation*, Freie Universität Berlin, **2008**.

[19] I. Resa, E. Carmona, E. Gutierrez-Puebla, A. Monge *Science* **2004**, *305*, 1136.

[20] Y. Wang, B. Quillian, P. Wei, H. Wang, X.-J. Yang, Y. Xie, R.B. King, P. v. R. Schleyer, H. F. Schaefer, III, G. H. Robinson *J. Am. Chem. Soc.* **2005**, *127*, 11944.

[21] S. Schulz, D. Schuchmann, I. Krossing, D. Himmel, D. Bläser, R. Boese *Angew. Chem. Int. Ed.* **2009**, *48*, 5748.

[22] M. T. Gamer, S. Dehnen, P. W. Roesky *Organometallics* **2001**, *20*, 4230.

[23] H. Nöth, E. Wiberg, L. P. Winter *Z. Anorg. Allg. Chem.* **1969**, *370*, 209.

[24] D. Barbier-Baudry, O. Blacque, A. Hafid, A. Nyassi, H. Sitzmann, M. Visseaux *Eur. J. Inorg. Chem.* **2000**, 2333.

[25] F. Bonnet, M. Visseaux, D. Barbier-Baudry, A. Hafid, E. Vigier, M. M. Kubicki *Inorg. Chem.* **2004**, *43*, 3682.

[26] C. K. Williams, N. R. Brooks, M. A. Hillmyer, W. B. Tolman *Chem. Commun.* **2002**, 2132.

[27] Review: P. W. Roesky *Z. Anorg. Allg. Chem.* **2006**, *632*, 1918.

[28] M. Rastätter, A. Zulys, P. W. Roesky *Chem. Commun.* **2006**, 874.

[29] T. K. Panda, A. Zulys, M. T. Gamer, P. W. Roesky *J. Organomet. Chem.* **2005**, *690*, 5078.

[30] M. Wiecko, P. W. Roesky, V. V. Burlakov, A. Spannenberg *Eur. J. Inorg. Chem.* **2007**, 876.

[31] Review: T. K. Panda, P. W. Roesky *Chem. Soc. Rev.* **2009**, *38*, 2782.

[32] M. Wiecko, S. Marks, T. K. Panda, P. W. Roesky *Z. Anorg. Allg. Chem.* **2009**, *635*, 931.

[33] L. Orzechowski, G. Jansen, S.Harder *J. Am. Chem. Soc.* **2006**, *128*, 14676.

[34] L. Orzechowski, S. Harder *Organometallics* **2007**, *26*, 5501.

[35] C. M. Ong, P. McKarns, D. W. Stephan *Organometallics* **1999**, *18*, 4197.

[36] A. Kasani, R. McDonald, M. Ferguson, R. G. Cavell *Organometallics* **1999**, *18*, 4241.

[37] R. G. Cavell, R P. Kamalesh Babu, A. Kasani, R. McDonald *J. Am. Chem. Soc.* **1999**, *121*, 5805.

[38] N. D. Jones, G. Lin, R. A. Gossage, R. McDonald, R. G. Cavell *Organometallics* **2003**, *22*, 2832.

[39] T. K. Panda, P. W. Roesky, P. Larsen, S. Zhang, C. Wickleder *Inorg. Chem.* **2006**, *45*, 7503.

[40] W.-P. Leung, C.-W. So, J.-Z. Wang, T. C. W. Mak *Chem. Commun.* **2003**, 248.

[41] M. Ganesan, P. E. Fanwick, R. A. Walton *Inorg. Chim. Acta* **2003**, *346*, 181.

[42] R. Appel, I. Ruppert *Z. Anorg. Allg. Chem.* **1974**, *406*, 131.

[43] M. T. Gamer, P. W. Roesky *Z. Anorg. Allg. Chem.* **2001**, *627*, 877.

[44] S. Schulz, T. Eisenmann, U. Westphal, S. Schmidt, U. Flörke *Z. Anorg. Allg. Chem.* **2009**, *635*, 216.

[45] M. Bremer, H. Nöth, M. Thomann, M. Schmidt *Chem. Ber.* **1995**, *128*, 455.

[46] S. Aldridge, A. J. Blake, A. J. Downs, S. Parsons, C. R. Pulham *J. Chem. Soc., Dalton Trans.* **1996**, 853.

[47] C. Drost, P. B. Hitchcock, M. F. Lappert *Organometallics* **1998**, *17*, 3838.

[48] T. K. Panda, P. W. Roesky, *unveröffentlichtes Ergebnis.*

[49] R. G. Parr, W. Yang *Density Functional Theory of Atoms and Molecules*, Oxford University Press, New York, **1988**.

[50] T. Ziegler *Chem. Rev.* **1991**, *91*, 651.

[51] C. Ehrhardt, R. Ahlrichs *Theor. Chim. Acta* **1985**, *68*, 231.

[52] R. Ahlrichs, M. Bär, M. Häser, H. Horn, C. Kölmel *Chem. Phys. Lett.* **1995**, *242*, 652.

[53] S. Al-Benna, M. J. Sarsfield, M. Thornton-Pett, D. L. Ormsby, P. J. Maddox, P. Brès, M. Bochmann *Dalton Trans.*, **2000**, 4247.

[54] N. Nimitsiriwat, V. C. Gibson, E. L. Marshall, P. Takolpuckdee, A. K. Tomov, A. J. P. White, D. J. Williams, M. R. J. Elsegood, S. H. Dale *Inorg. Chem.* **2007**, *46*, 9988.

[55] M. Münch, U. Flörke, M. Bolte, S. Schulz, D. Gudat *Angew. Chem. Int. Ed.* **2008**, *47*, 1512.

[56] S. Schmidt, S. Gondzik, S. Schulz, D. Bläser, R. Boese *Organometallics* **2009**, *28*, 4371.

[57] G. Minghetti, G. Banditelli, F. Bonati *Inorg. Chim. Acta*, **1975**, *12*, 85.

[58] M. J. S. Dewar, W. Thiel *J. Am. Chem. Soc.* **1977**, *99*, 4907.

[59] E. C. Taylor, A. McKillop, G. H. Hawks *Org. Synth.* **1972**, *52*, 36.

[60] J. Dekker, J. Boersma, G. J. M. van der Kerk *J. Chem. Soc., Chem. Commun.* **1983**, 553.

[61] J. F. Greco, M. J. McNevin, R. K. Shoemaker, J. R. Hagadorn *Organometallics* **2008**, *27*, 1948.

[62] J.-S. Herrmann, G. A. Luinstra, P. W. Roesky *J. Organomet. Chem.* **2004**, *689*, 2720.

[63] Review: P. W. Roesky *Chem. Soc. Rev.* **2000**, *29*, 335.

[64] M. R. Bürgstein, N. P. Euringer, P. W. Roesky *Dalton Trans.* **2000**, 1045.

[65] M. R. Bürgstein, P. W. Roesky *Inorg. Chem.* **1999**, *38*, 5629.

[66] S. Datta, M. T. Gamer, P. W. Roesky *Dalton Trans.* **2008**, 2839.

[67] H. V. R. Dias, W. Jin, R. E. Ratcliff *Inorg. Chem.* **1995**, *34*, 6100.

[68] G. M. Sheldrick *SHELXS-97*, Program for Crystal Structure Solution, Universität Göttingen, **1997**.

[69] G. M. Sheldrick *SHELXL-97*, Program for Crystal Structure Refinement, Universität Göttingen, **1997**.

[70] L. J. Farrugia *WinGX32* Version 1.70.01, Universität Glasgow, **2005**.

[71] *X-STEP32* Version 1.07b, Stoe & Cie GmbH, Darmstadt **2000**.

[72] K. Brandenburg *DIAMOND3.2c*, Visual Crystal Structure Information System, CrystalImpact GbR, Bonn, **2009**.

7. Anhang

7.1. Verwendete Abkürzungen

ATI	Aminotroponimin(ato)	NMR	kernmagnetische Resonanz
BDI	*β*-Diketimin(ato)		
Et	Ethyl	s	Singulett
Et_2O	Diethylether	d	Dublett
L	Ligand	t	Triplett
Ln	Lanthanoid	dt	Dublett von Triplett
Me	Methyl	quint.	Quintett
Ph	Phenyl	sept.	Septett
Pr	Propyl	m	Multiplett
Py	Pyridin	br	verbreitert (broad)
R	organischer Rest	MS	Massenspektrometrie
THF	Tetrahydrofuran	EI	Elektronenstoßionisation
Ts	4-Toluolsulfonsäure	IR	Infrarotspektroskopie
X	anorganischer Rest	ATR	abgeschwächte Totalreflexion
i-	iso		
n-	normal	s	stark (strong)
h	Stunden (hours)	vs	sehr stark (very strong)
min.	Minuten	sh	Schulter (shoulder)
RT	Raumtemperatur	m	mittel (medium)
ber.	berechnet	w	schwach (weak)
gef.	gefunden	Abb.	Abbildung

7.2. Persönliche Angaben

7.2.1. Lebenslauf

Name	Sebastian Marks
Geburtsdatum	11.09.1978
Geburtsort	Berlin
Eltern	Horst und Eva Marks
Staatsangehörigkeit	deutsch
Familienstand	ledig

Schulausbildung	
1985 – 1991	Annedore-Leber-Grundschule in Berlin.
1991 – 1998	Georg-Büchner-Gymnasium in Berlin.
Wehrdienst	
1998 – 2000	6. Instandsetzungsbataillon 141 in Neustadt a. Rbge.
Hochschulausbildung	
10/2000 – 08/2005	Chemiestudium an der Freien Universität Berlin mit Abschluss als Diplom Chemiker.
2005	Diplomarbeit im Arbeitskreis von Prof. Dr. P. W. Roesky; Thema: „Synthese von Bis[(4S)-4-isopropyl-1,3-oxazolin-2-yl]methylentrioxorhenium“
10/2005 – 02/2008	Beginn der Promotion am Institut für Chemie und Biochemie der Freien Universität Berlin unter Anleitung von Prof. Dr. P. W. Roesky.
06/2006 – 02/2008	Tätigkeit als Assistent im anorganisch chemischen Grundpraktikum.
seit 03/2008	Fortsetzung der Promotion am Institut für Anorganische Chemie der Universität Karlsruhe (TH) unter Anleitung von Prof. Dr. P. W. Roesky. Tätigkeit als Assistent im anorganisch chemischen Grundpraktikum und Fortgeschrittenenpraktikum.

7.2.2. Publikationen

1. **“Bis(phosphinimino)methanides as Ligands in Divalent Ytterbium and Strontium Chemistry-Synthesis and Structure”**
   Michal Wiecko, Sebastian Marks, Tarun K. Panda, Peter W. Roesky
   Z. Anorg. Allg. Chem. **2009**, *635*, 931.

7.2.3. Posterpräsentationen

1. „Synthese und Struktur von Bis(phosphinimino)methanid-Zink-Komplexen“
   Sebastian Marks, Peter W. Roesky; 14. Vortragstagung der Wöhler-Vereinigung für anorganische Chemie, Garching/München, **2008**.

Danksagung

Zuerst möchte ich mich bei Prof. Dr. Peter W. Roesky für die interessanten Aufgabenstellungen, den großen kreativen Spielraum in der Forschung sowie die stetige Unterstützung bedanken.

Bei den vielen Mitarbeitern aus Service und Verwaltung an der FU Berlin und der TH Karlsruhe bedanke ich mich für die stets freundliche Zusammenarbeit.

Bei meinen Laborkollegen Markus Peschke und Dominique Thielemann bedanke ich mich für die super Laboratmosphäre, die ich in den letzten vier Jahren erleben durfte.

Für das kritische Korrekturlesen dieser Arbeit danke ich Paul Benndorf und Dominique Thielemann sehr herzlich.

Den aktuellen und vielen ehemaligen Berliner Kollegen (Forschungspraktikanten) möchte ich für die einzigartige Arbeitsatmosphäre danken, den neuen Kollegen aus Karlsruhe und zum Teil weiterer Umgebung für die stets gute Zusammenarbeit.

Leon Kicker und allen weiteren Beteiligten danke ich für die Ermöglichung umfangreicher und nützlicher Kreativpausen.

Besonderer Dank gilt natürlich meiner Familie, die mich über die gesamte Studien- und Promotionszeit in allen Belangen unterstützt hat.

lonely planet

Ecuador & Galapagosinseln

Wendy Yanagihara, Alex Egerton, Mark Eveleigh, Trent Holden, Marisa Megan Paska, Mayra Peralta, Dario Vicente Chimarro

INHALT

Reiseplanung

Willkommen in Ecuador & auf den Galapagosinseln 4
Übersichtskarte 8
Unsere Favoriten 10
Städte & Regionen 26
Reiserouten 30
Beste Reisezeit 36
Bestens vorbereitet auf Ecuador 38
So reist man auf die Galapagosinseln 40
Essen wie die Locals 42
Outdoor-Erlebnisse 46

Reiseziele

Quito 52
Altstadt (Centro Histórico) 58
Neustadt 68
La Floresta & Umgebung 75
Nord-Quito 85
Rund um Quito 90

Nördliches Hochland 95
Apuela & Intag-Tal 100
Rund um Apuela & das Intag-Tal 105
Otavalo 108
Rund um Otavalo 113
Ibarra 116
Rund um Ibarra 120
Cayambe 123
Rund um Cayambe 126

Nordküste & Tiefland 132
Atacames 138
Rund um Atacames 142
Mompiche 146
Rund um Mompiche 150
Canoa 152
Rund um Canoa 156

Oriente 159
Nördlicher Oriente 164
Coca & Unterer Río Napo 172
Tena 178
Rund um Tena 181
Puyo & Südlicher Oriente 185

Zentrales Hochland 192
Parque Nacional Cotopaxi 196
Der Quilotoa-Loop 201
Rund um den Quilotoa-Loop 206
Ambato 209
Baños 212
Volcán Chimborazo 217
Rund um den Volcán Chimborazo 220

Südküste 225
Guayaquil (Santiago de Guayaquil) 230
Rund um Guayaquil 233
Salinas & Playas 234
Rund um Salinas & Playas 237
Olón & Montañita 238
Rund um Olón & Montañita 241
Ayampe & Puerto López 246
Rund um Ayampe & Puerto López 249

Cuenca & Südliches Hochland 252
Cuenca 258
Rund um Cuenca 266
Saraguro 272
Loja 275
Rund um Loja 278
Vilcabamba 280

Galapagosinseln 285
Puerto Ayora (Isla Santa Cruz) 290
Rund um Puerto Ayora 294
Puerto Baquerizo Moreno (Isla San Cristóbal) 297
Rund um Puerto Baquerizo Moreno 300
Puerto Villamil (Isla Isabela) 303
Rund um Puerto Villamil 306
Puerto Velasco Ibarra (Isla Floreana) 310
Rund um Puerto Velasco Ibarra 313